全国高等美术院校建筑与环境艺术设计专业规划教材

建筑构造

实验·实践·实现

鲁迅美术学院　主编

冯丹阳　著

中国建筑工业出版社

图书在版编目（CIP）数据

建筑构造　实验·实践·实现/鲁迅美术学院主编，冯丹阳著.—北京：中国建筑工业出版社，2011.2
（全国高等美术院校建筑与环境艺术设计专业规划教材）
ISBN 978-7-112-12778-8

Ⅰ．①建… Ⅱ．①鲁…②冯… Ⅲ．①建筑构造 Ⅳ．①TU22

中国版本图书馆CIP数据核字（2010）第254892号

责任编辑：唐　旭　李东禧
责任设计：李志立
责任校对：关　健　赵　力

全国高等美术院校建筑与环境艺术设计专业规划教材
建筑构造
实验·实践·实现
鲁迅美术学院　主编
冯丹阳　著

*

中国建筑工业出版社出版、发行（北京西郊百万庄）
各地新华书店、建筑书店经销
华鲁印联（北京）科贸有限公司制版
北京建筑工业印刷厂印刷

*

开本：880×1230毫米　1/16　印张：13　字数：345千字
2011年5月第一版　　2013年8月第二次印刷
定价：**48.00**元
ISBN 978-7-112-12778-8
　　　（20043）

版权所有　翻印必究
如有印装质量问题，可寄本社退换
（邮政编码 100037）

全国高等美术院校
建筑与环境艺术设计专业规划教材

总主编单位：
中央美术学院
中国美术学院
西安美术学院
鲁迅美术学院
天津美术学院
四川美术学院
广州美术学院
湖北美术学院
清华大学美术学院
上海大学美术学院
中国建筑工业出版社

总主编：
吕品晶　张惠珍

编委会委员：
马克辛　王海松　吴昊　苏丹　邵建　赵健
黄耘　傅祎　彭军　詹旭军　唐旭　李东禧
（以上所有排名不分先后）

《建筑构造　实验·实践·实现》
本卷主编单位：鲁迅美术学院
　　　　　　　冯丹阳　著

总 序

缘起

《全国高等美术院校建筑与环境艺术设计专业实验教学丛书》已经出版十余册,它们是以不同学校教师为依托的、以实验课程教学内容为基础的教学总结,带有各自鲜明的教学特点,适宜于师生们了解目前国内美术院校建筑与环境艺术设计专业教学的现状,促进教师对富有成效的特色教学进行理论梳理,以利于取长补短,共同进步。目前,这套实验教学丛书还在继续扩展,期望覆盖更多富有各校教学特色的各类课程。同时对那些再版多次的实验丛书,经过原作者的精心整理,逐步提炼出课程的核心内容、原理、方法和价值观编著出版,这成为我们组织编写《全国高等美术院校建筑与环境艺术设计专业规划教材》的基本出发点。

组织

针对美术院校的规划教材,既要对学科的课程内容有所规划,更要对美术院校相应专业办学的价值取向作出规划,建立符合美术院校教学规律、适应时代要求的教材观。规划教材应该是教学经验和基本原理的有机结合,以学生既有的知识与经验为基础,更加贴近学生的真实生活,同时,也要富含、承载与传递科学概念、方法等教育和文化价值。十所美术院校与中国建筑工业出版社在经过多年的合作之后,走到一起,通过组织每年的各种教学研讨会,共同为美术院校建筑与环境艺术设计专业的教材建设作出规划,各个院校的学科带头人们聚在一起,讨论教材的总体构思、教学重点、编写方向和编撰体例,逐渐廓清了规划教材的学术面貌,具有丰富教学经验的一线教师们将成为规划教材的编撰主体。

内容

与《全国高等美术院校建筑与环境艺术设计专业实验教学丛书》以特色教学为主有所不同的是,本规划教材将更多关注美术院校背景下的基础、技术和理论的普适性教学。作为美术院校的规划教材,不仅应该把学科最基本、最重要的科学事实、概念、原理、方法、价值观等反映到教材中，还应该反映美术学院的办学定位、培养目标和教学、生源特点。美术院校教学与社会现实关系密切，特别强调对生活现实的体验和直觉感知，因此，规划教材需要从生活现实中获得灵感和鲜活的素材，需要与实际保持紧密而又生动具体的关系。规划教材内容除了反映基本的专业教学需求外，期待根据美院情况，增加与社会现实紧密相关的应用知识，减少枯燥冗余的知识堆砌。

使用

艺术的思维方式重视感性或所谓"逆向思维"，强调审美情感的自然流露和想象力的充分发挥，对于建筑教育而言，这种思维方式有助于学生摆脱过分的工程技术理性的约束，在设计上呈现更大的灵活性和更加丰富的想象，以至于在创作中可以更加充分地体现复杂的人文需要，并且在维护实时价值的同时最大程度地扩展美学追求；辩证地运用教材进行教学，要强调概念理解和实际应用，把握知识的积累与创新思维能力培养的互动关系，生动有趣、联系实际的教材对于学生在既有知识经验基础上顺利而准确地理解和掌握课程内容将发挥重要作用。

教材的使命永远是手段，而不是目的。使用教材不是为照本宣科提供方便，更不是为了堆砌浩瀚无边的零散、琐碎的知识，使用教材的目的应该始终是让学生理解和掌握最基本的科学概念，建立专业的观念意识。

教材的使用与其说是为了追求优质的教学效果，不如说是为了保证基本的教学质量。广义而言，任何具有价值的现实存在都可以被视为教材，但是，真正的教材永远只会存在于教师心智之中。

吕品晶　张惠珍
2008 年 10 月

前　言

从事建筑技术与构造课的教学已经有些年头了，其间我个人也进行了一些社会实践项目，包括设计和工程。所以我常常希望能够完成这样的一本书。

首先，它可以是一本教材，书中要涵盖一般民用建筑、室内外装饰、室外环境及景观的构造及原理，内容要广泛，因为我一直固执地认为建筑及室内外环境是密不可分的，无论是设计层面、建设层面还是使用层面都是密不可分的，我们完全没必要人为地把他们作为各自独立的学科。

其次，书中所使用的语言、插图要通俗易懂，不是为了显示作者的博学，而是以能够简洁、清晰的阐述"做什么"和"怎么做"等一些比较原则性的问题为原则，我一直认为那些晦涩难懂的作品是为了把读者吓住，以掩盖他们那空洞的思想、乏味的内容。书中应该尽量用直观的方式来解读专业的知识内容，这样才更具亲和力，而不是拒人于千里之外。

第三，这本书应该对每个与建筑及室内外环境相关的人都有用，不管他们是建筑师、设计师、空想家、使用者、施工人员、市政工作者等。

第四，书中所涵盖的内容要积极。既要有足够的时效性和现实意义，也要在学过之后用得上。现实中很难得一见的就尽量省略吧。

现在这本书终于要完成了。书中，我总结了自己作为注册建筑师、景观设计师、室内设计师，以及工程实践者的一些经验，吸收了国内外的相关学术成果，以及我与其他设计师、工程师、材料商、业主、项目经理、工人以及学生们交流的一些心得。希望能使这本书更加的客观、全面、有针对性。

写一本书有很多种方法，本书强调的是透过现象看本质。现象就是错综复杂的、各种各样的具体的构造做法，本质是这些做法的目的和来由，最终目的是建立在深刻了解基本原则的基础上的自由运用。

目　录

总序
前言

001　第1章　何谓建筑构造

001　1.1　科学的构造观
001　1.1.1　建筑构造设计的全局观与系统观
002　1.1.2　建筑构造设计的人本主义和谐观
003　1.1.3　建筑构造设计的科学观和历史观
004　1.1.4　建筑构造设计的可持续发展的生态观
005　1.1.5　建筑构造设计的创新观
007　1.2　关于创新观的例证

016　第2章　建筑概述

016　2.1　建筑的分类
016　2.1.1　建筑的一般分类
018　2.1.2　建筑的结构分类
021　2.2　建筑的基本组成
021　2.2.1　基础
021　2.2.2　墙、柱
022　2.2.3　楼板和地面
022　2.2.4　屋顶
023　2.2.5　楼梯
023　2.2.6　门窗
024　2.3　建筑的影响因素
024　2.3.1　外界环境因素
024　2.3.2　人的因素
024　2.3.3　技术因素
025　2.3.4　行业标准因素
025　2.4　建筑的标准化与工业化
025　2.4.1　建筑模数
026　2.4.2　模数协调

028　第3章　建筑的墙和柱

- 028　3.1　建筑的墙和柱的概述
- 029　3.2　建筑的墙体
- 029　3.2.1　墙体的分类
- 033　3.2.2　墙体的热工——保温、隔热
- 036　3.2.3　墙体的隔声
- 037　3.2.4　墙体的变形
- 038　3.3　建筑中的砖墙
- 038　3.3.1　砌筑材料和墙体尺寸
- 039　3.3.2　砌筑墙体的细部要点
- 044　3.3.3　砖墙的加固
- 046　3.4　建筑中的隔墙
- 046　3.4.1　隔断墙的设计要点
- 047　3.4.2　常用隔墙
- 049　3.5　外墙面装饰
- 049　3.5.1　外墙面装饰功能及分类
- 049　3.5.2　外墙面装饰做法
- 055　3.6　内墙面装饰
- 055　3.6.1　内墙面装饰的功能及分类
- 055　3.6.2　内墙面装饰做法

059　第4章　建筑的楼板层与地面

- 059　4.1　楼板、地面
- 059　4.1.1　楼地面的基本构造
- 059　4.1.2　楼地面的结构——钢筋混凝土梁、板
- 061　4.1.3　楼地面面层的功能
- 061　4.1.4　楼地面面层的分类
- 062　4.2　楼地面的装饰构造
- 062　4.2.1　整体式楼地面
- 063　4.2.2　板、块料地面
- 064　4.2.3　木地面

068　第5章　屋顶和顶棚

- 068　5.1　屋顶概述
- 068　5.1.1　坡度的表示法
- 069　5.1.2　屋顶的分类
- 069　5.2　平屋顶
- 070　5.2.1　平屋顶应考虑的主要因素
- 070　5.2.2　平屋顶的主要构造层与相应的材料选择
- 071　5.2.3　柔性防水屋面的基本构造层次
- 071　5.2.4　平屋顶屋面水的排除
- 072　5.3　坡屋顶
- 072　5.3.1　坡屋顶的构成
- 072　5.3.2　坡屋顶的构造层次

075	5.4	顶棚的形式
075	5.4.1	直接式顶棚
076	5.4.2	吊式顶棚
081	5.5	顶棚的装饰构造
081	5.5.1	直接式顶棚构造
081	5.5.2	吊式顶棚构造

083　第6章　建筑的地基与基础

083	6.1	概述
083	6.1.1	概念
084	6.1.2	地基的一般要求
084	6.1.3	天然地基与人工地基
084	6.2	地基的加固
084	6.2.1	地基的加固方法
085	6.2.2	地基的不均匀沉降
087	6.2.3	基础的埋深
087	6.3	基础的种类
087	6.3.1	按材料及受力分类基础
088	6.3.2	按构造型式分类基础

090　第7章　建筑中的楼梯

090	7.1	建筑楼梯
090	7.1.1	楼梯的形式
090	7.1.2	楼梯的材料
090	7.1.3	楼梯的设计
093	7.2	楼梯装饰
093	7.2.1	楼梯踏步的装饰
095	7.2.2	楼梯的栏杆、栏板

097　第8章　建筑中的玻璃与幕墙

097	8.1	玻璃的种类与特性
098	8.2	玻璃的基本应用
098	8.2.1	玻璃砖墙
099	8.2.2	玻璃门
100	8.2.3	玻璃幕墙
105	8.2.4	采光玻璃顶
107	8.3	玻璃的扩展应用
107	8.3.1	玻璃地面
107	8.3.2	玻璃的其他拓展应用

110　第9章　建筑外环境构造（建筑场地构造）

110	9.1	外环境地面
110	9.1.1	环境地面
110	9.1.2	硬地面的基本技术参数
111	9.2	外环境地面分类
111	9.2.1	软地面

113	9.2.2	柔性地面
119	9.2.3	蜂窝状嵌草砖
120	9.2.4	硬地面
123	9.2.5	木地面
128	9.3	台阶
128	9.3.1	台阶的设计与要求
128	9.3.2	台阶的分类
134	9.4	坡道
134	9.4.1	坡道的设计与要求
134	9.4.2	坡道的分类
136	9.4.3	台阶式坡道
137	9.5	挡土墙
137	9.5.1	挡土墙的设计与要求
138	9.5.2	挡土墙的结构形式
140	9.5.3	挡土墙的材质
144	9.6	围墙
144	9.6.1	围墙的设计与要求
146	9.6.2	围墙的分类与构造
152	9.7	围栏
152	9.7.1	围栏的设计与要求
152	9.7.2	围栏的分类与构造
156	9.8	入口大门
157	9.8.1	平开门、折叠门
157	9.8.2	推拉门、伸缩门
158	9.8.3	门房建筑

160　第 10 章　创造性实践与训练

160	10.1	实践与训练
160	10.1.1	实践训练宗旨
160	10.1.2	实践训练的方法
162	10.2	选择构造模型
162	10.2.1	与传统实践训练方式的对比
165	10.2.2	构造模型的题材来源
165	10.2.3	模型的题材要求
166	10.2.4	模型作业的进程安排
169	10.2.5	模型的材料、工具与制作
169	10.2.6	作品的制作与评判原则
169	10.3	模型实践综合范例与点评
169	10.3.1	斗栱
169	10.3.2	亭
173	10.3.3	垂花门、牌坊
174	10.3.4	历史建筑单体

177　第 11 章　教学成果

第1章 何谓建筑构造

1.1 科学的构造观

"构造"一词在词典上的解释是事物内部各组成成分之间的组织和相互关系。而"建筑构造"就是研究建筑各组成部分的设计原则、材料及构造要领的学科,是从事建筑设计、施工等专业必要的知识与能力的铺垫。

对于建筑专业而言,构造设计是实现建筑设计创意和构思的深度设计过程。构造设计的科学性、系统性、完整性等直接关系到整个设计的最终实现以及实现效果。

建筑构造是关于建筑方案实现的方法论问题,是研究建造过程当中如何有效实现建筑目标的技术问题。确切地讲建筑构造不只是技术的问题,这就好像使一个认识了所有文字的人,也未必可以写出好文章一样。

通过学习建筑构造这门课,也许不能使大家完全掌握必要的构造知识,因为这几乎是不可能的。第一,构造技术知识是不断发展变化的,当这本书写成的同时就已经"过时"了;第二,从本专业构造知识所覆盖的广度和深度来说,本书也无法涵盖全面;第三,就同学们的学习实际来看,对学习的效果并不是有利的。

学习构造知识是一个持续、渐进的过程,是在学习中去体验、在实践中学习的过程。能够随时留意身边、周围的环境,特别是细节,并对优秀的构造做法进行分析、总结、探讨,同时作为知识的积累和储备,并在可能的实践活动中加以应用和发展。对失败的做法我们也可以总结其原因,避免同样的情况发生在自己的实践当中。这也许是学习本专业构造知识并不断提高的永恒之道。

在学习的入门之初,我们如果能够树立一些科学的观念和观点,将可使后续的学习事半功倍,这些观念可以总结为以下几点:

(1)全局观与系统观;
(2)人本主义的和谐观;
(3)科学观与历史观;
(4)可持续发展的生态观;
(5)以设计为出发点的创新观。

1.1.1 建筑构造设计的全局观与系统观

任何有形的事物都有其内部的构造形式,我们生存的地球有其内部的构造、我们的身体有一定的构造形式、各种机器设备的内部构造会各不相同……但他们都一定是各成系统,系统内部各元素之间一定是相互关联、制约,共同发挥作用。不存在孤立的元素,所谓牵一发而动全身(图1-1、图1-2)。

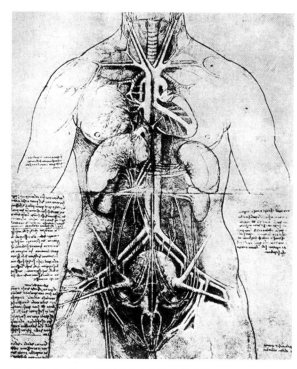

● 图1-1 达·芬奇研究人体构造的手稿

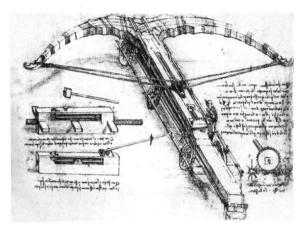

● 图1-2 达·芬奇的设计手稿（其各个部件间的关联是研究重点）

● 图1-3 帐篷是沙漠中行者的简易庇护所，是简单的建筑，可以满足使用者的基本的生理需求

建筑构造知识涵盖了建筑的所有部位以及建筑建造的全过程。虽然我们在学习和研究构造的实践过程中是从局部开始的、展开的，但作为一个整体的建筑工程，其各组成部分之间相互影响、相互制约。因此，学习建筑构造知识要树立全局观和系统观，也就是从全局出发、从细节入手，最后将各部分的构造知识系统整合在一起。在学习和考虑局部构造的时候要以整体为参照、以相联系的部分为参照。

1.1.2 建筑构造设计的人本主义和谐观

应该说，所有人类的建造活动，其根本的目的是为了满足人们生理与心理需要，创造理想的生存空间。因此，"以人为本"应该是所有建造活动的基本准则。

随着人类文明的发展和进步，人们越来越意识到，人类的生存和发展不能孤立地进行，人类的生存和发展离不开人与自然环境的和谐共生、离不开人与人造环境的和谐共生、离不开人造环境与自然环境的和谐共生以及人与人之间的和谐共生等。通过恰当的构造设计，我们可以促进社会和生态的和谐发展。

建筑所创造的一切人工环境，一方面是为了满足人们物质生活的需要或生理的需求而建造的（图1-3）。另一方面各类建筑还应满足人们不同的艺术审美要求。因此，很多作品就成为了技术和艺术集一身的综合体（图1-4）。在设计的实践中，只有将

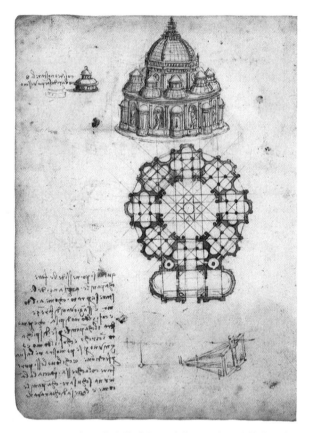

● 图1-4 达·芬奇的建筑设计草图（在一定的范畴内，建筑就是艺术）

● 图1-5 莱比锡一室内步行街中营造的宜人的环境

艺术与技术有机合理地结合，才能创造出既能满足人们的生理要求，又能满足人们的心理需求的理想生存环境（图1-5）。

1.1.3 建筑构造设计的科学观和历史观

建筑构造的技术水平与人类的科学发展水平直接相关，是自然科学的实际应用。这就决定了建筑构造的技术先进性是一个历史的范畴，是相对的，不是绝对的。

人类越是向前发展，其技术水平也就越高，他们按照自己的意志改造身边的生存环境的能力也就越强（图1-6、图1-7）。

一方面，技术范畴要解决的问题是满足人们的生理使用要求，创造舒适的生存环境。只有通过合理的设计、精确的结构计算、严密的构造方式以及协调配合建筑、结构、电气、给水排水、暖通、空调、绿化等各专业才能实现。另一方面，艺术领域要解决的问题是创造优美的环境，以满足心理需求，

图1-6 技术水平越低，人就越依赖自然，很难为自己创造出较为理想的生存环境

只有通过必要的艺术设计，才能满足人们的审美需求。而艺术设计的成果又要靠相应的技术条件才能得以实现。所以，从设计的本质上来说，技术和艺术两者是统一的合作关系。作为一名优秀的设计师，要求既要懂艺术，还要懂技术。

就像设计作品没有相应的技术支持就无法实现一样，技术要创新也需要艺术的灵感。著名的工程

图1-7 随着技术的发展，人们可以为自己创造出较为理想的"小"生存环境，比如适宜的温度、湿度等

师兼建筑师富勒说过:"艺术家经常凭他们的想象力构想出一种模式,而科学家则是后来才在自然中发现它。"

1.1.4 建筑构造设计的可持续发展的生态观

人类的发展是建立在对自然资源的索取和破坏的基础上的。现在的人们越来越意识到,人类对自然资源、自然环境的利用和破坏不能再无所节制了,人类必须关注可持续发展问题,关注自然、生态的可持续发展问题,这其实是在关注人类自身的可持续发展问题。

具体到我们的专业方面,就是从人类发展的全局出发,在每一项设计的过程中有节制地利用自然,尽量采用低能耗、低污染、可再生、降解快的技术和材料。研发新的技术和材料固然是有效的方法,但那需要一定的时间过程,不能一蹴而就。充分利用现有的技术、材料,通过合理、优化的设计、使用,同样也可以实现可持续发展的目的。

通常的可持续发展问题主要集中在:节能、减排,可持续的材料,减少对环境的污染与破坏这三点上。这三方面是息息相关的,并非各自独立存在。

1. 节能

这里的节能包含了减少能源的消耗和开发利用新的洁净能源两层含义。从另一个角度讲,就是在材料的生产和建筑物的建造、使用过程中都要尽量减少能源的消耗。除了发展科技、发现新能源外,我们更可以利用现有的技术、材料达到同样的目的。比如冬季供暖,利用太阳能和地源热都是有效的办法,这方面的技术相对比较成熟。

2. 减排

减排主要指在建筑物生产的各个环节有效减少有害废弃物的排放,包括气体、液体和固体,尤其要减少长效、不易降解的有害物排放。

3. 可持续

为了达到可持续发展的目的,所采用的建筑材料必须满足"4R"原则,即 Renew- 可更新、Recycle- 可循环、Reuse- 可再用、Reduce- 减少能耗和污染,这是我们的目标。

中国传统地方建筑在尊重自然环境、利用地形、就地取材、结合气候设计等方面具有很多独到的地方,客观上具有节约能源、节省土地、造价低廉、减少污染等具体的可持续要素。

傣族竹楼是底层架空的干栏式建筑,底层架空具有防潮隔湿、抵御野兽虫蛇的侵袭,他的大屋顶,出檐深远、陡坡脊短,便于排水、遮阳,通风隔热效果好。新疆的生土民居,开窗少而小,并且多采用高窗,可以减少地面反射阳光进入室内;浅色调的建筑表面可以减少辐射热的影响;大量采用生土、充分利用土的热惰性,调节室内温度;建筑室内空间向地下发展,利用地下凉气降温;庭院广泛种植葡萄,具有遮阳、吸热、通风作用。

夯土民居在中国分布广泛,黄土窑洞、福建土楼、陕南夯土民居等都是,其普遍特点是就地取材,可循环利用,不对周边环境产生负面影响。夯土建筑采用的主要材料是取自当地的黄土、石料、木材,其中木材、石料可以再利用,夯土粉碎后归于土。此外夯土墙可以减少黏土砖的使用(间接降低砖的生产能耗),室内热环境好于黏土砖墙,可以减少制冷、供暖的能耗(图1-8)。

现在很多发达国家更加关注可持续发展的问题,尤其在创新方面和探索实践方面作了很多努力(图1-9)。

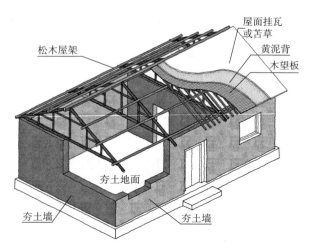

● 图1-8 夯土民居基本体系

第1章 何谓建筑构造

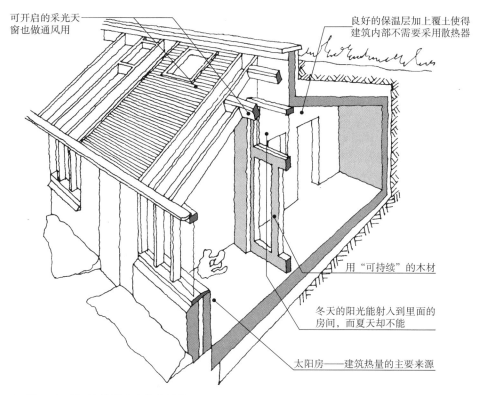

图1-9 英国豪其顿生态住房项目

当前在坚持可持续发展原则的实际操作层面，探索和发掘优秀的方法和材料是正确的，但努力摒弃那些高能耗和污染严重的材料、工艺等，似乎更加的紧迫和必要。

1.1.5 建筑构造设计的创新观

本门课的宗旨就是要通过学习具体的已有的构造技术知识，在灵活运用的基础上进行再创造，创新意识的培养才是关键。列夫·托尔斯泰曾经说过："如果学生在学校里学习的结果，是使自己什么也不会创造，那么他的一生将永远是模仿和抄袭。"创新意识是一名优秀设计师所必须具有的素质。

本书更多的是强调原理以及形成做法的原因，因为过度地强调具体的细节与做法，多半会限制设计者的创造性的发挥。

创造就是首次造出未曾有过的事物，也可说是打破旧秩序，建立新秩序的过程。

建筑领域中的创造包含很多方面。比如形式和构造技术方法的创造性，而形式的创造性又是以构造技术为依托的。因此创造性对于构造技术来说尤其重要。的确，我们都是从一些具体的、已有的构造做法开始学习的，但这并不是我们根本的目的。正所谓"欲出世，必先入世"，"入世"是为了"出世"，"入世"是手段、方法、过程，而"出世"才是目的。学习已有的知识即入世，出世就是让我们有能力去应付各种实际的新的技术问题，再进一步就是有能力去创造出新的做法。看一下身边的作品，哪一件有着深远影响力的优秀作品不是包含了大量的创新之处。

创新本身也是一个历史范畴的问题，许多现在看来很平常的东西，曾经就是伟大的创造，同样，现在看是创造性的事物，随着时间的推移，也必将趋于平凡。正所谓长江后浪推前浪。纵观历史，无论各个行业、各个领域的进步和发展都是由科学技术的创新带动的，就算是社会形态的演进也不例外。正如我们所见到的，如果没有蒸汽机的发明，资本主义也就无法产生和壮大；如果没有成熟的钢筋混凝土技术，我们现在所说的现代建筑又从何谈起呢？如果说这太宏观，我们无法把握，微观角度又何尝不是这样，由于各种新材料新技术的诞生，许多过去想都不敢想的做法就变得很自然了：有了轻质板材，分隔房间就不必太过担心楼板的承载能力了；有了轻钢龙骨，各种形式的吊顶就变得轻而易举……

就构造技术而言，创新主要体现在以下两方面：

第一，真正的科学性的技术创新是具有革命性的，是随着自然科学技术的发展进步，由艺术家和设计师们发挥想象力，由科学家们实现的。这样的创新必然带动时代进步和发展，是推动建筑历史演进的原动力之一。

这种"创新"是一个历史范畴的名词，在一定历史时期内，原本的创造性元素会随着时间的推移转变为平凡，甚至可能会成为阻碍发展的消极因素。也就是说，我们要辩证地看待创造性问题，可能你身边的一些看似平凡的事物，可能是曾经很伟大的创造。

就如大空间的穹顶技术吧，早在1296年就开始兴建的佛罗伦萨大教堂，就是因为无法解决一个直径42m的穹顶，一直无法完工，直到1420年，才由博卢乃列斯基提出解决方案，1434年得以建成，这个直径42m，高30余m的穹顶在当时简直就是奇迹，其所用结构也是庞大得简直令人无法想象（图1-10）。然而，这样的一个穹顶空间在现在实在是不值一提。现在不论是用钢筋混凝土还是用金属网架，都可以轻易地造出比大教堂穹顶大几倍、十几倍的大空间来（图1-11、图1-12）。

第二，发挥设计师们的艺术再创造能力。就是利用已有的材料、技术，不拘泥于原有的技术规范，在遵循一定的科学原则的前提下，创造出新的应用方式。每种工艺和材料在应用之初，其应用范围一般是比较单一的，随着对其认识的逐渐加深，其应用的范围也在不断地拓展，这其实就是创新意识的产物，也是设计师们更感兴趣也更容易做到的。原本不起眼的材料和工艺，经过这样的再创造，很可能会创造出意想不到的、美妙的效果。

材料的选择既要考虑它的性质和效果，看它能够做什么、不能做什么，是怎样连接或怎样构成的。又与业主和设计师的个性、喜好和对材料的认

● 图1-10 佛罗伦萨大教堂的直径42m的"巨大"穹顶在当时绝对惊世骇俗

● 图1-11 19世纪初建造的商业步行街是当时意大利科技与艺术的代表作

图1-12 钢结构屋顶技术，是人类空间技术的一次飞跃。这是欧洲火车站常见的钢结构的巨大的采光屋顶

识、了解有关。对许多成功的设计师而言，对材料的运用却并非出自偶然。历史上有很多对某种材料或工艺有所偏好的设计大师，我们常呼之为砖石建筑大师、钢结构建筑大师或混凝土建筑大师等，如密斯对钢和玻璃的钟爱、柯布西耶对混凝土的偏好，或者近一点的如路易·康对于砖的情感、罗杰斯对于高新技术和钢材的敏感等。他们对材料的认知、感觉、表现技巧不是天生的，是修炼而来的。重要的是要花时间去认识它、信任它、掌握它，进而对它进行在深度和广度上的拓展应用。一天换一种材料进行建造的设计师就像一天用一种设计语言来进行设计创作的人一样，不太可能是一个成功的设计师。反过来说，任何一种材料、工艺的用法也绝对不会是唯一的，它一定还有许多没有被人们认识到的特性与应用可能性，发现这些特性，并在适当的时机恰当地利用它们，你就有可能获得意想不到的成功。

1.2 关于创新观的例证

例证一：黏土砖

黏土砖，在建筑工地是一种极普通的建筑材料，本来是用来建造墙体的，通常还要在其表面再做装饰，以便将其粗糙的表面掩盖。黏土砖本是一种很古老的建筑材料，在历史上的中国，黏土砖是青灰色的，人们将其表面打磨平整，然后砌成墙体称之为磨砖对缝，将平直的砖缝直接暴露在外，不用额外的装饰，显示出中国文明特有的含蓄与雍容（图1-13）。又有人将各种尺寸的打磨光滑的特制的黏土砖铺在地上，称之为金砖铺地。在江南园林中，由于砖本身的吸附性，在潮湿的季节经常会在上面生出苔藓，这正是中国文人们所钟爱的境界。荷兰人也喜欢用砖，但他们用的是"红砖"，很有特色，现在红砖墙、红砖地已经是荷兰建筑的代表符号了（图1-14～图1-16）。

现在的红砖可能是表面太粗糙，很少有人会

● 图1-13 在中国的古建筑当中，无论是民居还是官式建筑，砖墙是非常普遍的

将它们直接暴露在外，还有人用外墙砖瓷砖做成清水砖墙的效果。其实砖的生命力是很强的，通过不同的应用，可以创造出丰富的效果。在巴塞罗那海滨有一处小广场，是用粗糙的红砖铺成的，而且砖是平放的（荷兰人多是将砖侧立铺在地上的），而且广场上还有几处曲线的凸起，又有几处精加工石材与其对比，显得极具亲和力、又极富想象力（图1-17）。就算是传统的清水砖墙，由于砖的不同摆放方式，也会创造出意想不到的效果（图1-18）。

砖这种材料具有施工技术难度低，组砌方式多样、可以形成丰富的效果，应用范围广等特点。从建设全局出发，可以降低设计、材料准备、施工、维修等的复杂程度、提高工作效率，同时黏土砖墙还具备一定的保温性能，可以满足建筑外围护结构的热工要求，同时其触感也并不很生冷。但烧制黏土砖要浪费大量耕地以及煤炭，这些都属于不可再生的能源，因此黏土砖这种材料不符合可持续发展

● 图1-14 荷兰历史建筑中造型丰富的砖墙

图 1-15 荷兰现代建筑中的砖墙

图 1-16 荷兰现代步行街的红色黏土砖地面。体现了荷兰砖文化的历史沿革

的生态要求，现在正处于逐渐被淘汰的过程中，比如实心黏土砖在中国的大中城市建设中已经被禁用。但因其良好的综合性能，现在还不能彻底的被淘汰，很多新型的替代品正在不断的研发与应用中。

例证二：混凝土

混凝土是一种大家都很熟知的建筑材料，应用十分广泛，是现代建筑中不可或缺的。

其实，混凝土材料的使用已有悠久的历史。古罗马人早就懂得把石头、砂子和一种在维苏威火山地区发现的粉尘物与水混合制成混凝土。这种历史上最古老的混凝土使古罗马人建造了像万神庙穹顶这样的建筑奇迹（图 1-19）。这种无定形的材料多被

图 1-17 有新意的红色黏土砖铺地的广场（巴塞罗那）

图 1-18 现代建筑平整光洁的清水砖墙

图 1-19 罗马万神庙的混凝土穹顶，可以说是原始混凝土的经典之作

图 1-20 在罗马大斗兽场建筑中，原始混凝土扮演了不可或缺的角色

图 1-21 古罗马的公共温泉浴场建筑，是原始混凝土大量应用的主要场所

图 1-22 古罗马的贵族建筑和公共建筑，也大量采用原始混凝土

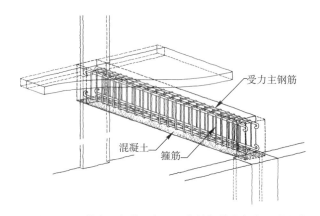

图 1-23 结合了钢筋骨架，现代的钢筋混凝土几乎变成万能的了

用在像公共温泉浴室这样的世俗建筑中，应用并不广泛（图 1-20～图 1-22）。文艺复兴时期，在维特鲁威的《建筑十书》中曾提到这种材料的用法。现代意义上的混凝土直到 19 世纪才出现——由骨料（砂、石）和水泥、水混合而成。

1824 年英国人发明了波特兰水泥，这大大增强了混凝土的强度，1845 年以后已可以投入工业化生产。1848 年法国人又发明了钢筋混凝土，增强了混凝土材料的抗拉性能，开辟了混凝土材料更广泛的应用领域（图 1-23）。1894 年建成了世界上第一座钢筋混凝土教堂 (St.-Jean de Montmarte)。现代建筑中，混凝土主要用作梁、板、柱等承重结构的结构材料（图 1-24）。

混凝土材料虽然在 2000 多年以前开始使用，但钢筋混凝土材料的应用才 100 多年。到 20 世纪 20 年代，柯布西耶倡导"粗野"，房屋外墙抹灰也显得多余，暴露墙体结构，拆了模板不抹灰的混凝土建筑开始抛头露面，被称为素混凝土或清水混凝土建

图1-24 大量建造的普通现代建筑，其主体结构多为钢筋混凝土结构

筑，它是混凝土建筑中最引人注目的，在20世纪50年代以来曾风靡一时。混凝土这种古老的建筑材料与现代建筑形影相伴，在第二次世界大战后住房危机反战后重建中，混凝土更是扮演了"救世主"的角色。

然而在20世纪60～80年代，人们一般还是认为混凝土是"丑陋"和"非人道"的，因为它会对环境造成破坏——生产混凝土会消耗大量的能源；硬化后的混凝土在自然界中很难被降解，无法循环再生……但由于其优秀的结构性能，现在混凝土多被作为骨架、结构材料，被各种贴面、涂料所伪装，被生态所绿化，被幕墙所遮掩（图1-25）。

这种被誉为"万用之石"的经典建材，几乎可以应用于建筑的全部主要部位。再经过许多天才建筑师的巧手慧心，利用混凝土材料坚固、经济、可塑性强以及巨大的表现力等特质，创造出了很多的优秀作品。

早在20世纪五六十年代，已涌现出大批善用"丑陋"的混凝土的建筑师，如柯布西耶、吉瑟尔（E. Gisel）、费德雷尔（W.M.Foederer）、鲁道夫（P.Rudolf）、博姆（G.Boehm）、丹下健三等，他们以自己特有的技巧为我们塑造了混凝土建筑的很多经典之作。

柯布西耶等人追求混凝土表里合一的各种表现手法，利用混凝土的流动性、可塑性、干燥后的高强度等特性，探索造型的各种可能性。柯布西耶在昌迪加尔以当地仅有的铅桶皮作为模板浇注混凝土，第一次建成了真正意义上的钢筋混凝土建筑。虽然素混凝土建筑在50年代以前就有出现，但还没有像昌迪加尔政府区这样的建筑师以结构和材料的真实表现为准则，使整组建筑群以强烈的雕塑感和形体及空间塑造上的独特性成为混凝土材料应用上的一个经典巨作。此外还有朗香教堂、马赛公寓等（图1-26～图1-28）。

现在混凝土的创造性应用主要体现在混凝土饰面上（作为结构材料的变化相对有限）。由于混凝土的流动、凝固、硬化的特性，混凝土饰面可创造出丰富多彩的纹理和质感（图1-29）。

路易斯·康、安藤忠雄等人设计的混凝土饰面

图1-25 现在大量的钢筋混凝土外墙面都要做一些装饰，以掩饰"丑陋"的、灰暗的混凝土表面

图1-26 郎香教堂是粗野主义清水混凝土建筑的代表

图1-27　马赛公寓也是粗野主义清水混凝土建筑

图1-28　瑞士自由人文科学学院是清水混凝土建筑

图1-29　留有清晰木模板印痕的清水混凝土墙面（德国莱姆布瑞克博物馆）

图1-30　清水混凝土室内墙面。安藤忠雄设计的小筱邸内景

建筑，更关心混凝土的质感及其所能表达的精神性。混凝土饰面的那种肃穆的感觉，与日本传统的灰色调、质感、抽象性相吻合，反映了日本传统中一种"最低限"的精神。所以混凝土饰面在日本赢得了广泛的认同，甚至在室内也有应用（图1-30、图1-31）。

由于混凝土具有很强的拓印功能，利用此特性使用天然木板（杉木等）作模板可将木纹原封不动拓印下来，有一种取之自然、融于自然的返璞归真的质感。

在浇筑混凝土前预先埋置大理石、花岗石、金属板等其他材料，浇筑脱模之后，与混凝土墙体融为一体形成饰面。通过无序点饰的镜面把周围景观映射到建筑上，可以说是种异质材料的共生（图1-32）。

另外拆模之后的细琢饰面或斩假石饰面，粗犷

图1-31 清水混凝土室内墙面。安藤忠雄设计的小筱邸内景

图1-33 混凝土墙面的雕琢效果

图1-32 清水混凝土的外墙面上装饰着一些不规则布置的抛光钛板（日本久慈市文化会馆）

有力，能表现出层次丰富的光线变化，也有石材的效果（图1-33）。

作为第一代现代建筑大师之一的赖特有一个论点：技术为艺术服务。其大量的创造性的应用混凝土就是这一论点的有力佐证。首先是在结构构件上的创造性应用，1939年在约翰逊制蜡公司办公楼中（图1-34），赖特别出心裁地采用了几十根自承重的支柱，柱子上大下小、白色颀长如热带植物，上部与5m直径的圆盘构成整体，中间的空隙用组成图案的玻璃管填充，让天然的阳光柔和地洒进室内。这个结构与梁柱系统截然不同，又完全实现了必要的结构功能，从美学角度，这些"柔软"而重复的轻盈飘浮的空茎植物般的支柱，创造了一种全新的空间体验。尽管后来证明使用这种结构的防水是一个难以解决的问题，但除此之外的艺术及技术创造性还是令人赞叹的。

此外赖特对混凝土还有另外一种别出心裁的应用——混凝土塑性砌块（图1-35、图1-36）。混凝土砌体在技术上是创新的，每个砌块重约20kg左

图 1-34 独特的混凝土柱子与屋顶结构（约翰逊公司办公楼内景）

图 1-35 赖特的混凝土砌块，既为建筑提供结构支撑，又是室内外的装饰（《建筑细部》2004 年第 2 期）

图 1-36 预制的装饰性混凝土砌块，这种使用木模或金属模板浇筑混凝土砌块的建造方式及其装饰纹样，成为大师赖特一段时期内建筑风格的显著特点

右，以便于工人操作，现场预制。砌筑时在砌块间插入钢筋后浇混凝土，因而形成既可抗压又抗弯的整体结构。砌块可以采用很多装饰母题，从而可以使建筑与周围环境融为一体。带花纹的混凝土砌块筑成的厚实墙体，布满相同图案的表面以及有镂空砌块投进室内的光斑闪烁着迷人的气氛。

此外，混凝土地面应该说是一种极普遍的地面做法，但也被创造出了很多丰富多彩的新做法。比如模压混凝土、彩色混凝土，与大理石、花岗石、金属板等材料组合成的地面、混凝土地砖地面等（图 1-37）。

混凝土饰面的色彩比其他材料蕴含着更多的可能性。混凝土饰面的色彩可分为两大类：彩色和灰色。

彩色类是在混凝土中加颜料添加剂。根据颜料色彩的不同可形成各种彩色混凝土。水泥则一般使用白水泥。

灰色类根据水泥的种类、骨料的种类和色调可调配出从浅到深的不同层次的灰色调。层次丰富的灰色正是混凝土饰面的魅力所在。从近似铝合金的银灰色到近似砖瓦的深灰色，加上丰富多彩的纹理和质感，使混凝土饰面能与其他材料相协调。

混凝土的工程性能优秀，但也存在很多问题。首先是硬化后的水泥石导热快、保温隔热性能差，且触感冰冷坚硬，基于人性化的观念，从使用者的角度考虑在室内外温差大的地区，混凝土结构必须作适当的保温处理。其次是它不符合可持续发展的生态要求。烧制水泥的原材料是石灰石，开山采石会对自然生态造成极大的破坏，在烧制水泥的过程中又要耗费大量的煤炭等能源，同时又会产生大量

图1-37 混凝土与大理石板结合的地面（巴黎拉维莱特公园）

图1-38 利用各种不同直径的金属管材造成的现代城市雕塑，材料工艺比较简单，关键是对材料的创造性应用（巴黎德方斯新区）

的温室气体和粉尘，污染环境。另外硬化后的水泥石在自然界很难降解，建筑垃圾中的水泥石会对自然环境造成持续长久的不利影响。在很多发达国家，混凝土是被限制使用的，他们更提倡使用钢材。

结论：

其实对于建筑构造的学习，绝不可以尽在书本，绝不单是记一些工艺、背一些数据。

首先，建筑构造知识的学习无处不在、无时不在，可以演进为我们日常性的行为，也就是说，我们身边的每一件已完成或未完成的工程作品都可以被看做一定构造知识的集合体，不管这件作品是普通的、优秀的，还是完整的、残破的，只要我们用心去观察、去体会、去思考，我们都可以得到相当的启示，包括正面的和反面的。借此我们便可以不断的、有效地增加我们的构造知识的积累。

其次，就是在构造知识的学习过程中，我们要时刻坚持一些基本原则。对正在学习的知识进行甄别，去粗取精，在基础的学习阶段就将科学的设计观作为一种习惯。

说了这么多，根本目的就是想和大家说，学习构造知识，第一很有用，第二很有趣，第三很容易，第四很有意义（图1-38、图1-39）。

图1-39 办公室的浮雕壁饰，采用最常见的水暖管材制成的艺术品

第 2 章 建筑概述

建筑构造是一切构造知识的基础，我们天天要与建筑发生联系，在日常的生活经验中，人们都有自己对建筑的认识，有很多关于建筑的名词也都已经认识，但是为了后面学习的方便，我们先来系统地了解一下建筑的分类、建筑的基本组成、与建筑设计有关的种种因素，以及建筑设计中使用的模数标准。

2.1 建筑的分类

2.1.1 建筑的一般分类

人们接触到的建筑多种多样，我们可以按照建筑的使用性质、建筑的高度、建筑结构的材料和类型对建筑进行分类。

1. 根据建筑的使用性质分类

（1）民用建筑：指的是供人们工作、学习、生活、居住等的建筑类型。通常又分为两大类。

1）居住建筑：如住宅、别墅、单身宿舍、招待所等，是以满足人们的基本居住需求为主（图2-1）。

2）公共建筑：如办公、科教、文体、商业、医疗、邮电、广播、交通和其他建筑等。以满足人们各种物质和精神生活服务需求为主（图2-2～图2-4）。

图 2-2 公共建筑。由历史建筑演变而来的博物馆建筑，是欧洲博物馆建筑的重要来源（柏林）

图 2-3 公共建筑。商业建筑的公共性很强（巴黎）

图 2-1 住宅是典型的居住建筑

图 2-4 公共建筑。医院（巴黎）

第 2 章 建筑概述

图 2-5 工业建筑

（2）工业建筑：指的是各类厂房和为生产提供服务的附属用房（图 2-5）。

通常按层数我们可以将厂房分为三类：

1）单层工业厂房；

2）多层工业厂房；

3）层次混合的工业厂房。

（3）农业建筑：指各类供农业生产使用的房屋，如种子库、拖拉机站等。

2．根据建筑的层数或总高度分类

（1）住宅建筑：1～3 层为低层，4～6 层为多层；7～9 层为中高层；10 层及以上为高层（图 2-6）。

（2）公共建筑及综合性建筑总高度超过 24m 为高层，不高于 24m 为多层（图 2-7）。

（3）建筑总高度超过 100m 时，不论其是住宅或公共建筑均为超高层。

（4）联合国经济事务部于 1974 年针对当时世界高层建筑的发展情况，把高层建筑划分为四种类型。

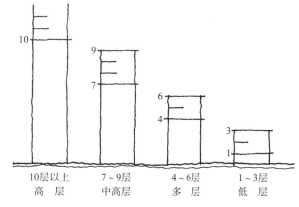

图 2-6 居住建筑的高度划分

1）低高层建筑：层数为 9～16 层，建筑高度最高为 50m。

2）中高层建筑：层数为 17～25 层，建筑总高为 50～75m。

3）高高层建筑：层数为 26～40 层，建筑总高可达 100m。

4）超高层建筑：层数为 40 层以上，建筑总高在 100m 以上。

图 2-7 高层建筑

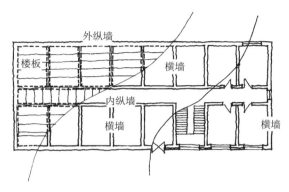

图 2-8 砌体结构房屋的典型平面

2.1.2 建筑的结构分类

应用木材、砖石、钢筋混凝土、钢材等材料都可以建造建筑，根据建筑承重构件所选用的建筑材料、制作方式与传力方式的不同可以划分不同的结构类型，建筑的结构类型一般分为以下几种：

1. 砌体结构

竖向承重构件（多指墙体）以普通黏土砖、黏土多孔砖或承重混凝土空心小砌块等材料砌筑。水平承重构件（楼板及屋面板）采用钢筋混凝土或木材等。主要用于多层、无大空间要求的建筑中。现在国内大量建造的多层住宅及部分中小型公共建筑（普通办公楼、学校、小型医院等）都属于这一类。

砌体结构的主要优点：主要承重结构（承重墙）是用砖（或其他块体）砌筑而成的，这种材料任何地区都有，便于就地取材。墙体既能满足维护和分割的需要，又可作为承重结构，一举两得；施工比较简单，进度快，技术要求低，施工设备也比较简单。

砌体结构的主要缺点：砌体强度比混凝土强度低得多，故建造房屋的层数有限，一般不超过7层。砌体是脆性材料，抗压能力尚可，抗拉、抗剪强度都很低，故整体较松散，因此抗震性能较差。因为横墙间距受到限制，故不可能获得较大空间（图2-8）。

2. 框架结构

承重部分由钢筋混凝土或钢材制作的梁、板、柱形成的骨架承担，墙体只起围护和分隔作用。框架结构的工作原理是：工作荷载传递给楼板→再由楼板传递给梁→梁再传到柱子上→最后由柱传递给基础（图2-9、图2-10）。建筑的框架就如人体的骨骼，是骨骼撑起了整个的人体，一个人的骨骼是一定的，胖瘦却不一定。墙体就像皮肤，可能粗糙

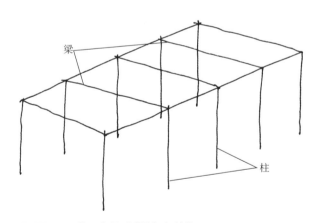

图 2-9 柱子和梁形成的框架结构

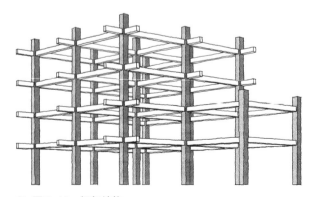

图 2-10 框架结构

也可能细腻、可能白皙也可能黝黑……框架结构一般适用于多层的公共建筑以及一般的高层建筑（60m以下）。框架结构由于平面和立面布置相对灵活、技术难度不大、空间适用性较强（可以产生各种大小、形状的空间）等特点，正在被国内建筑业大量采用。

3．剪力墙结构

这种结构的竖向承重构件主要由钢筋混凝土墙体来承担，这种墙体有较强的承担风或地震等作用传来的水平作用力（剪力）的能力，比框架结构有更好的抗侧力能力，因此可建造较高的建筑物。由于墙体间距的限制，空间灵活性较差，一般多用于住宅、公寓和旅馆等建筑中，剪力墙结构的平面形式有些类似的砌体结构。

4．框架-剪力墙结构

这种结构是由框架构成自由灵活的使用空间，来满足不同建筑功能的需要；同时利用局部的、适当数量的剪力墙使建筑具有较强的侧向刚度，从而可以建成较框架结构更高更稳固的建筑（图2-11）。

5．筒体结构

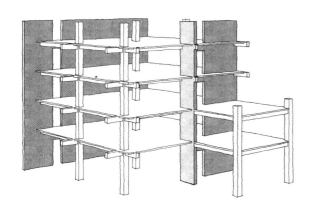

图2-11　框架　剪力墙结构

剪力墙只能在平面内抵抗一维的侧向力，对于垂直于墙面的侧向力的抵抗能力就很弱了，因此是一种平面结构，当建筑很高时（如超高层建筑）就不能满足稳定的要求，这时我们就要采用具有空间受力性能的筒体结构。其基本特征是：水平力主要是由一个或多个空间受力的竖向筒体承受，可以承

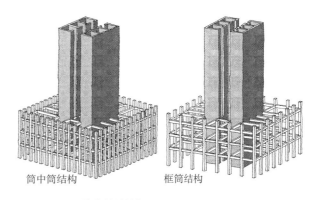

图2-12　筒中筒结构与框筒结构

受各个水平方向的侧向力。筒体可以由剪力墙组成，也可以由密柱框筒组成。

常见的筒体结构的类型有：筒中筒结构——由中央剪力墙内筒和周边框筒组成，框筒由密柱（柱距3m左右）、高梁组成整体，并可留有采光空隙。美国"911"被炸的世贸中心塔楼就属于这种结构类型（图2-12）；框筒结构——也叫框架-核心筒结构，由中央剪力墙核心筒和周边较稀疏的外框架组成。此外还有更为复杂的筒体结构，如多重筒结构，束筒结构，多筒体结构等。

6．特种结构

特种结构主要指空间结构。主要有悬索结构（图2-13～图2-15）、桁架结构（图2-16）、网架结构（图2-17）、拱结构（图2-18、图2-19）、张拉膜结构（图2-20、图2-21）、壳体结构（图2-22）等结构形式。这些结构多适用于大跨度（30m以上）的公共建筑中。

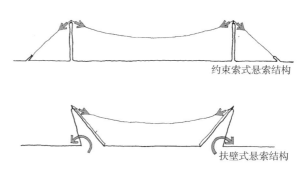

图2-13　悬索结构的工作原理

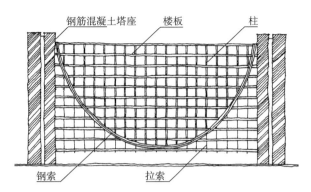

● 图 2-14 悬索结构建筑。各层楼板不是靠墙、柱支撑，而是靠悬挂在两座高大混凝土塔中间的钢索，跨度 100m（美国联邦储备银行）

● 图 2-15 美国旧金山金门大桥——大跨度悬索结构

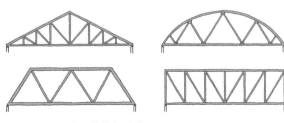

● 图 2-16 常见的桁架形式

● 图 2-17 网架结构屋顶

● 图 2-18 主要拱券结构类型

● 图 2-19 典型的拱券结构（巴黎）

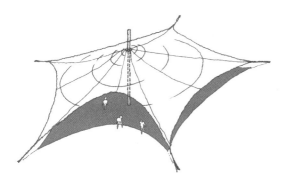

图2-20 张拉膜结构图示

图2-21 塞纳河畔的简易张拉膜结构

图2-22 澳大利亚悉尼歌剧院——壳体结构

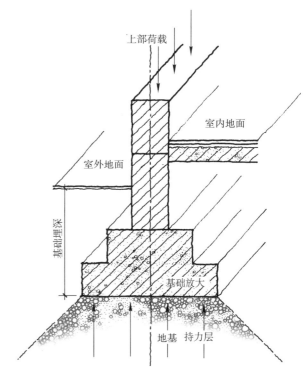

图2-23 基础的工作原理及组成

2.2 建筑的基本组成

一幢建筑物，不论是民用建筑还是工业建筑，一般都包含有基础、墙柱、楼地面、屋顶、楼梯和门窗六大部分组成。

2.2.1 基础

基础是房屋底部与地基接触的承重结构，它的作用是把房屋上部的荷载通过墙或柱传给地基。基础一般在建筑物的最下部，深埋在室外地面以下，犹如大树的根系，能使建筑物足够稳固（图2-23）。

2.2.2 墙、柱

墙（或柱）是建筑物的竖直承重部分，犹如骨骼，支撑起整栋建筑。墙除了可以作为承重构件外，还是用来遮蔽风雨、减轻阳光辐射的围护构件，更可以划分空间（图2-24、图2-25）。

图2-24 密斯设计的世界博览会德国馆，完美地强调了墙体的存在

● 图2-25　柱子除了其结构功能外，还可以展现很多内容

● 图2-26　楼板将建筑空间垂直划分为若干层

2.2.3　楼板和地面

多层和高层建筑有楼板，其作用是分隔楼层之间的空间，增加人的活动面积。楼板是水平方向的承重结构，它支撑着人和家具设备的荷载，并将这些荷载传递给墙或柱。地面层是指房屋底层之地坪。楼板和地面层都应满足人们在其上活动的安全及舒适度的要求（图2-26）。

2.2.4　屋顶

屋顶既是房屋的围护构件，抵抗风、雨、雪的侵袭和太阳辐射热的影响；又是房屋的承重结构，承受风雪荷载和施工期间的各种荷载。屋顶应坚固耐久、不漏水和保暖隔热（图2-27）。

● 图2-27　屋顶

2.2.5 楼梯

楼梯是房屋的垂直交通工具，作为人们上下楼层和发生紧急事故时疏散人流之用。楼梯要保证坚固和安全，并应有足够的通行能力，其总宽度应满足最大人流时的疏散要求，坡度要适中，既要节省空间又不使人感到疲劳（图2-28）。

图2-28 楼梯及滚梯

2.2.6 门窗

门是人们在两个相邻空间之间的通行出入口，窗主要是建筑用来采光和通风的。处于外墙上的门窗又是围护构件的一部分，应考虑防水和热工等要求（图2-29、图2-30）。

组成房屋的各部分各自起着不同的作用，但归纳起来不外乎是三大类，即承重结构、围护构件和附属功能构件。承重墙、柱、梁、基础、楼板、屋顶等属于承重构件。围护构件是指房屋的外壳部分，如维护墙、屋顶、门窗等，它们的任务是抵抗自然界的风、雨、雪、太阳辐射热和各种噪声的干扰，所以围护构件应具有防风雨、保暖隔热、隔绝噪声的功能。有些部分既是承重结构也是围护结构，如墙和屋顶。附属功能构件是依附于建筑主体，并为人们的活动提供便利，如阳台、雨篷（图2-31）、台阶、烟囱等。

图2-29 现代建筑门窗形式很自由（1）

图2-30 现代建筑门窗形式很自由（2）

图 2-31 钢与钢筋混凝土结构的入口雨篷

2.3 建筑的影响因素

所有的设计活动的最终目的都是要创造出一种安全、舒适、适用的人造生存环境，以满足人们在生理、心理等方面的使用需求，同时还要考虑一定的经济性和技术可行性。综合、全面地考虑各方面问题，是一项成功的设计作品产生的重要条件。概括而言，这些条件主要包含以下几方面。

2.3.1 外界环境因素

外界环境主要包括自然界和人为的影响。

（1）作用力的影响：包括人、家具和设备的重量，结构自重、风力、地震作用，以及积雪重量等，这些统称为荷载。荷载对选择结构类型和构造方案以及进行细部构造设计都是最重要的依据。

（2）自然条件的影响：如日晒雨淋、风雪冰冻、地下水等。对于这些影响，根据具体情况，在构造上必须采取相应措施，消除和削弱其不利影响，如防水防潮、防寒隔热、隔声隔汽、防止变形破坏等，以保证建筑和使用的安全和舒适。

2.3.2 人的因素

（1）人为因素的影响：如火灾、机械振动、噪声等的影响，在构造上需采取防火、防震和隔声、吸声等的相应措施。

（2）人文因素的影响：文化、宗教、传统、习俗……这些都对建筑设计会产生很大的影响，同时一定也会对建筑构造产生极大的影响。比如在一些自然环境条件相近的地区，其具体的构造做法和展现的建筑及空间形象等往往存在相当的差异（图 2-32）。

2.3.3 技术因素

技术条件指的是材料技术、结构技术、施工技术等。随着这些技术的不断发展和变化，相应的构造做法也在不断地发生着相应的变化，构造做法不能脱离相应的技术条件而存在。

● 图 2-32 这种竹骨泥墙带有典型的巴中民居特色

2.3.4 行业标准因素

为了保证建筑的建造质量，做到尽可能的安全舒适，国家和各地方都颁布了相应的行业标准，比如各种建筑规范、造价标准、建筑装修标准、设备标准等。这些标准都会影响到建筑设计，同样会影响到建筑的构造做法。除此之外，我们还必须考虑节约问题，包括经济的节约和资源的节约，尤其是资源的节约，关系到人类健康可持续发展。

2.4 建筑的标准化与工业化

建筑标准化主要有建筑构件的标准化和设计交流的标准化两方面。一般来说，在进行建筑活动的时候，我们都会希望尽量地节省时间、资金和能源、资源等。很有效的方法之一就是提高建筑过程中的工业化程度和设计构件的标准化。

工业社会的标志之一是以提高工业产品的通用性（标准化）为手段来提高生产效率，进而实现降低成本、节约能源的目的。构件的标准化就是行业内都按统一的标准（如规格、尺寸、类别等）生产，从而实现减少构件的种类、提高同类构建的通用性。

在建筑领域，为了提高建筑的工业化程度，使不同的材料、构配件、模板、工具、器具具有一定的通用性和可互换性，提高工作效率，节省资源，在设计和施工中应该尽量遵守我国制定颁发的《建筑模数协调统一标准》（GBJ 2—1986）。

2.4.1 建筑模数

模数是选定的尺寸单位，作为尺度协调的增值单位。以建筑模数作为设计、施工、构件制作、科研的尺寸依据，可以使建筑物、建筑制品、建筑构配件等适合工业化大规模生产，可以使不同材料、不同形式和不同制造方法的建筑构配件、组合件具有较大的通用性和互换性。

模数在建筑方面的作用体现就是可以按照选定的模数数列进行设计、生产、施工建造等活动。

模数数列表　　　　　　　　　　　　　　　　　　　　　　　　　　　　　　　　　　表 2-1

模数类型	模数	模数数值（mm）
基本模数	1M	100、200、300、400、500、600……1000、1100……1900、2000、2100、2200……3500、3600……
扩大模数	3M	300、600、900、1200……3000、3300、3600……6900、7200、7500……
	6M	600、1200、1800、2400……6600、7200、7800、8400、9000、9600……
	12M	1200、2400、3600、4800、6000、7200、8400、9600、10800、12000……
	15M	1500、3000、4500……10500、12000……
	30M	3000、6000、9000……33000、36000……
	60M	6000、12000、18000……36000……
分模数	M/10	10、20、30、40……90、100、110、120……180、190、200……
	M/5	20、40、60、80……180、200、220……340、360、380、400……
	M/2	50、100、150、200……900、950、1000

1. 基本模数

基本模数是建筑模数协调中选用的基本尺寸单位，其数值定为100mm，用M表示，1M = 100mm。

2. 导出模数

（1）扩大模数：是导出模数的一种，其数值为基本模数的整数倍。扩大模数的基数有3M(300mm)、6M(600mm)、12M(1200mm)、15M(1500mm)、30M(3000mm)、60M(6000mm)。

（2）分模数：是导出模数的另一种，其数值为基本模数的分数。分模数的基数有M/2(50mm)、M/5(20mm)、M/10(10mm)。

3. 模数数列

模数数列是以某一固定的模数基数（基本模数、扩大模数、分模数）为基础形成的一组递增数列，它规定和限定了特定构件的尺寸种类，是构件设计、生产、选择的尺寸依据。

根据建筑各部分的特点，模数数列的应用范围也有不同。

基本模数主要用于建筑物层高、门窗洞口和构配件截面。

扩大模数主要用于建筑物的开间或柱距、进深或跨度、层高、门窗洞口等处。

分模数主要用于缝隙、构造节点和构配件截面等处。

表2-1中的数字即构件的设计尺寸。如建筑层高多采用2700mm、2800mm、2900mm、3600mm等，不会是2750mm、3550mm这样的层高值。再如建筑的柱距多采用3M的扩大数列，因此柱距多为6900mm、7200mm、8100mm等数值。

2.4.2 模数协调

为了使建筑在满足使用功能的前提下，通过模数协调尽量减小预制构、配件，模板的类型，以便充分发挥投资效益。砖混结构建筑，特别是其中大面积住宅建筑必须进行模数协调。

1. 定位轴线

定位轴线是在模数化网格中，确定主要构件位置的基准线，如确定开间或柱距、进深或跨度的线均称为定位轴线。定位轴线是设计者首先要确定的，而且也是施工放线的依据。

模数化网格中除定位轴线以外的网格线均为定位线，定位线用于确定模数化构件的尺寸和位置，如图2-33所示。

（1）框架结构的轴线定位

在框架结构中，横、纵定位轴线一般都经过梁、柱的平面中心。

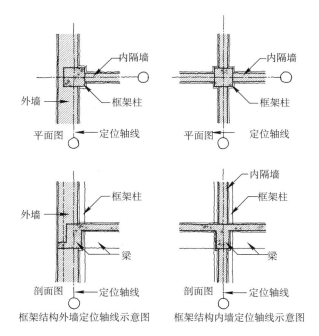

图 2-33 框架结构定位轴线，一般都经过梁、柱的平面中心

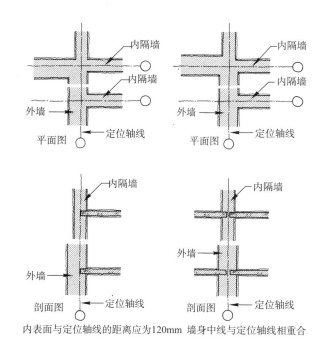

图 2-34 砖混结构墙体与定位轴线关系

（2）砌筑结构轴线定位

承重内墙的墙身中线应与平面定位轴线相重合。而砌筑结构的承重外墙通常有两种情况，一是墙身中线与平面定位轴线重合，二是墙体内表面与平面定位轴线的距离应为120mm（图2-34）。

2. 标志尺寸、构造尺寸与实际尺寸

（1）标志尺寸：符合模数数列的规定，用以标注建筑物的定位轴线、定位线之间的垂直距离（如开间、柱距、进深、跨度、层高等）以及建筑构配件、建筑组合件、建筑制品及有关设备等界限之间的尺寸，是建筑设计图纸上标注的尺寸。

（2）构造尺寸：建筑构配件、建筑组合件、建筑制品等用于生产的设计尺寸，一般情况下，构造尺寸为标志尺寸减去缝隙尺寸（图2-35）。

（3）实际尺寸：建筑构配件、建筑组合件、建筑制品等生产后的实有尺寸，这一尺寸是因生产误差造成的，与构造尺寸之间存在差值。实际尺寸与构造尺寸之间的差值应符合建筑公差的规定要求。

下面举两个预制构件的例子，帮助理解标志尺寸、构件尺寸和实际尺寸间的关系。

预应力短向圆孔板。这个构件的标志尺寸是3300mm，构造尺寸是标志尺寸减去90mm的构造缝隙，即3300-90＝3210mm。实际尺寸为构造尺寸±5mm，即3205～3215mm。

预制过梁。这个构件的标志尺寸为1800mm，构造尺寸是标志尺寸加上支承长度每侧250mm，即1800＋2×250＝2300mm，实际尺寸是构造尺寸±10mm，即2290～2310mm。

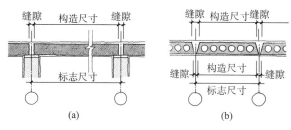

图 2-35 标志尺寸和构造尺寸

第3章 建筑的墙和柱

3.1 建筑的墙和柱的概述

墙和柱都是建筑的竖向承重构件，是形成建筑空间的主要元素，墙体还可以起到围合和划分空间的作用。

竖向支撑——墙、柱

早期的人们用石块、木桩支撑起一片屋顶就可以形成基本的建筑原形（图3-1、图3-2）。

墙、柱不能过薄或过细，否则就会弯曲变形以致破坏（图3-3）。这种厚薄、粗细不是绝对的，而是与墙、柱的高度直接相关。如一般常见民用建筑的钢筋混凝土柱子截面是（400~800）mm×（400~800）mm，其单层长细比如果是6~8倍，就能保证基本的稳定要求。

易变形的墙、柱可以通过变粗、变厚或者使用扶壁、压杆、拉索等侧向支撑来加强其稳定性。使用侧向支撑的细立柱在承受同样荷载时比没有支撑的粗立柱优越，比如可以节省材料和空间等（图3-4）。

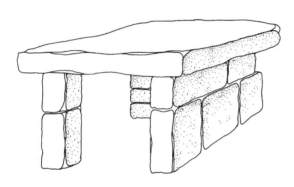

● 图3-1 原始人类建造的石屋

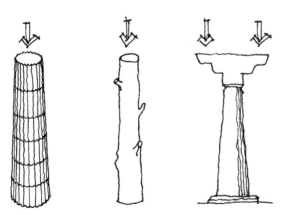

● 图3-2 历史建筑中出现过的一些柱式

● 图3-3 墙、柱要保证足够长细比，否则就容易发生失稳破坏

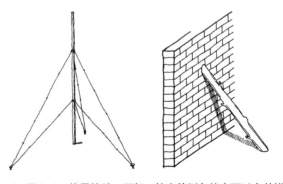

● 图3-4 使用扶壁、压杆、拉索等侧向约束可以有效增强构件的稳定性

同时应该留意的是，一般的受拉构件，虽然很细，也不会轻易变形，这正是悬索结构被采用的主要原因之一。

3.2 建筑的墙体

墙体是围合建筑的最基本元素之一，是室内外空间的分界，并且不同的室内空间也是由各种不同的隔墙分割形成的。

墙体要满足一些基本的要求：

（1）强度和稳定性，是要求墙体在使用过程中不能坏、不能倒，以保证使用者的安全。

（2）防火，要尽量防止火灾的发生，墙体材料应满足一定的耐火极限要求，同时在墙体的布置、洞口开设方面，应为人们创造足够的逃生时间。

（3）保温、隔热，希望建筑能够为人们提供较为舒适的室内温度环境。一般是尽量增加墙体的热阻，常用方法是增加墙体的厚度和加设保温层。

（4）防水、防潮，为了提高建筑使用的舒适度，同时尽量延长建筑的使用寿命。可以通过选用高密度的防水墙体材料或增设附加的防水、防潮层实现。

（5）隔声，要给人们提供尽量安静舒适的室内环境，墙体就必须满足一定的隔声要求。采用多孔吸声的墙体材料、良好声学性能的装饰材料等手段可以满足要求。

3.2.1 墙体的分类

为了方便学习和掌握，我们人为地将墙体进行了一些简单的归纳和分类。

1. 结构材料与施工工艺

根据墙体所采用的结构材料的特性和施工工艺的不同，建筑墙体一般可分为：砌筑墙体、板材墙体、浇筑墙体等。

（1）砌筑墙体

砌筑墙体就是主要由砖或砌块等块状材料用砂浆等粘结材料一点点垒砌而成的墙体。这是一种历史悠久而又应用广泛的墙体形式。这种墙体的主要材料的制成、运输和组砌都比较方便，并且技术难度较低，便于推广。但是人工劳动强度和劳动量都比较大、工业化程度低、形成的墙体整体性差（不利于抗震）等是这类墙体的主要弱点。

构成这种墙体的块材种类很多，较传统的有普通黏土砖和各种天然石材，现在又出现了黏土空心砖、多孔砖、加气混凝土砌块和混凝土砌块等较新的材料。随着社会的发展和进步，还会有更多更新的优质砌块材料问世……（图3-5）。

砌筑墙体的另一种主要材料是粘结材料。传统常用的是各种砂浆（水泥砂浆、石灰砂浆、混合砂

● 图3-5 砌块的形态、色彩等种类很多

● 图3-6 黏土青砖墙在中国传统建筑中很常见

● 图 3-7 中国古代的许多城墙就是用黏土砖砌筑的，明长城就是一项典型的黏土砖工程

● 图 3-9 毛石砌筑的石材墙体

● 图 3-8 欧洲历史建筑中比较常见的石材墙体

图 3-10 用空心混凝土砌块砌筑的填充墙体

浆）。现在也出现了很多种复合胶粘剂。

砌筑墙体施工的最主要要点是尽量提高墙体的整体性。合理的砌块组砌方式可以提高墙体的整体性，增设拉结钢筋、圈梁、构造柱等措施，可以有效地提高墙体的整体性（图 3-6 ～ 图 3-10）。

（2）板材墙体

板材墙体是社会工业化大生产的产物。墙体由工厂生产的大面积板材形成，有的板材上还带有门窗等洞口。这样可以大大提高建筑的建造效率，通常采用的有钢筋混凝土板、加气混凝土板等。但这种墙体的应用并不十分广泛，主要原因是过度的工业化会造成建筑之间的大量类同，缺少个性和地域特色。为了兼顾个性与效率，现在有采用小规格的拼装板材的，这种板材的尺寸比较灵活，有多种规格可供选择，常见的是 2000 ～ 7000mm 高，500 ～ 2000mm 宽。这种墙体可以作为较低矮建筑的承重墙和多、高层建筑的非承重墙（图 3-11）。

（3）现浇墙体

现浇墙体主要指的是现浇钢筋混凝土墙和现浇混凝土墙。用 C20 以上混凝土现场浇筑而成，内部有钢筋笼，具有强度高、防水性能好、能承重、造型较丰富自由等特点，常用做地下室墙体、高层建筑的剪力墙等（图 3-12、图 3-13）。

2. 力学特点

根据墙体在建筑中的力学特点，建筑墙体通常可以分为承重墙和非承重墙。

承重墙既是承重构件又是空间的围护构件。作为承重构件，承重墙要能够支撑其上部构件传下来的荷载，如屋顶、楼板、上层墙体、梁、柱等。作为围护构件，承重墙要起到围护或分割空间的作用。承重墙体的下部必须有足够的结构支撑，如条形基础、承重墙、梁等。

非承重墙主要是作为围护墙和隔墙存在。只要满足墙体自身的强度和稳定性要求即可，无需负担上部构件传下来的额外荷载。

上面提到的围护墙是用来围合形成室内空间，

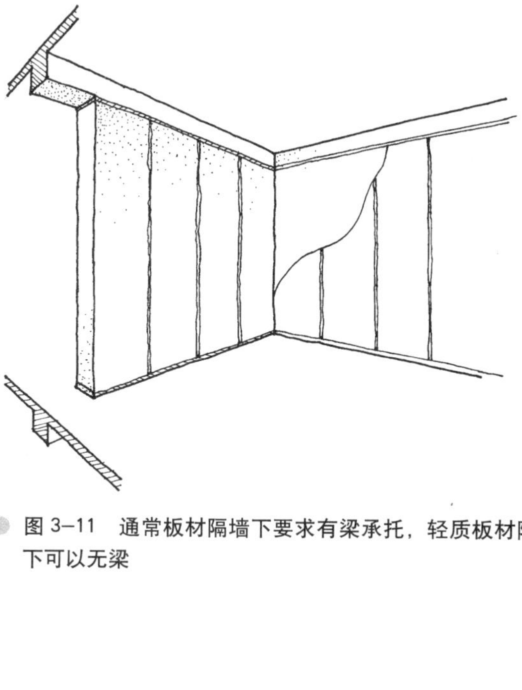

图 3-11 通常板材隔墙下要求有梁承托，轻质板材隔墙下可以无梁

图 3-12 高层住宅的外墙多采用钢筋混凝土墙

图 3-13 水利工程中的钢筋混凝土挡土墙

并能够抵御风、雪、雨等不利自然作用的侵袭，利用其保温、隔热、隔声、防水等性能，为我们创造较为安全舒适的室内生存空间。

而隔墙是把室内空间按要求分隔为若干具体的功能空间，以满足人们不同的使用要求。作为隔墙，要满足一定的强度和隔声要求。

3．构造特色

构成墙体的材料有很多，同一种材料也可以采用不同的构造方式构成墙体，比较常见的墙体构造方式有实心墙、空心砖墙、空心墙等。

（1）实心墙

实心墙就是内部没有特定存在目的的孔洞的墙体。主体材料只有一种的墙体称为单一材料实心墙，主体材料有两种或两种以上时我们可称之为复合材料实心墙。虽然复合墙体的构造难度相对较大，但因其良好的综合性能，应用越来越广泛。

对于复合墙体我们可以这样理解：每种材料各有其优劣特性，比如钢筋混凝土作为结构材料，其力学性能很优秀，但保温性能却很差。而大多数的保温材料自身的强度都很低，无法独立构成墙体。如果我们用钢筋混凝土作为墙体的结构和保护材料，再将保温材料填充在墙体内部，它们共同组成墙体，这种墙体就同时具有良好的结构和保温性能，是一种典型的复合墙体（图 3-14）。

单一材料实心墙常见的有黏土砖墙、石墙、混凝土墙、钢筋混凝土墙等；复合材料实心墙的主体结构、保护材料主要有黏土砖或钢筋混凝土；内侧的复合轻质保温材料有充气石膏板、水泥聚苯板、黏土珍珠岩、纸面石膏聚苯复合板、纸面石膏岩棉复合板、纸面石膏玻璃复合板、无纸石膏聚苯复合板等。

（2）空心砖墙

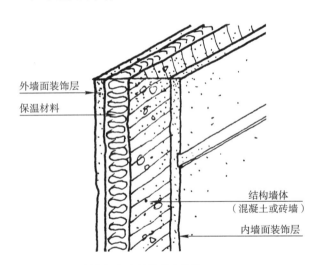

图 3-14 外保温复合墙体基本构造

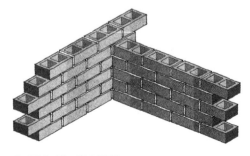

图 3-15 空心砖墙

主要墙体材料是黏土空心砖、水泥空心砖等空心砖，孔洞竖向砌筑，砌筑时砖与砖之间紧密砌筑，不留空隙，利用砌块本身的孔洞，使墙体达到减轻自重，提高保温性能的目的。这种墙体主要用于框架结构的外围护填充墙以及隔墙等非承重墙（图3-15）。

（3）空心墙

顾名思义，就是中空的墙体，由两片独立的墙体按一定的间距（100～200mm）共同组成的墙体，具有良好的隔声、保温性能，而且比较经济，只是对施工精度要求比较高，尤其是在隔声要求很高的情况下，两片墙体之间绝对不可以有刚性的连接部分，否则其隔声效果将大受影响。音乐厅、录音棚等对隔声要求比较高的建筑多采用这种墙体（图3-16）。

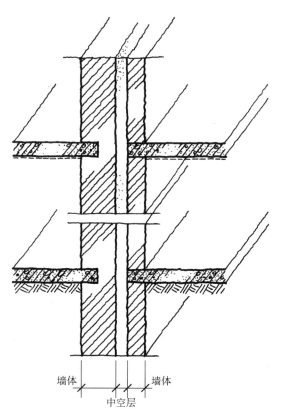

● 图3-16 双层空心墙体，这种墙体相对较占用空间，但发挥了空气间层的隔热、隔声特性

3.2.2 墙体的热工——保温、隔热

作为建筑的维护结构，外墙要保证室内环境的舒适度，比如温度要适宜，过冷或过热都不好。在我国北方地区，冬季要保证室内的温度水平，为了减少室内的热量的散失，就要求外墙具有足够的保温性能。

通常的热工设计除了要考虑温度问题，还包括凝结水等问题。水蒸气遇冷凝结成水滴，无论是墙体的表面还是内部，为了保证墙体的保温性能、墙体的结构承载力和墙面的美观等，我们都不希望有凝结水的产生。

1. 墙体保温

要提高外墙的保温能力，通常可以从三个方面入手。

（1）增加外墙厚度。这是一种比较直观的做法，可以达到增强墙体保温性能的目的，但同时会增加墙体自重、浪费墙体材料，占用有限的建筑面积、使有效使用空间减少。所以我们不会无节制增加墙体厚度，在我国北方地区黏土砖外墙的一般厚度为370mm，可以满足基本的保温要求，厚度再增加虽然可以进一步提高墙体的保温能力，但却不是理想的选择。

（2）采用保温性能更好的材料。如选用孔隙率高、密度轻的材料做外墙，可以有效地提高墙体的保温能力，如常见的加气混凝土、空心砖等。这些材料导热系数小，保温效果好。但是这类材料通常强度不高，不能承受较大的荷载，不可以作为承重墙，只能用作框架结构的填充墙。

（3）采用复合式的墙体构造。复合墙（保温材料＋结构材料）可以同时比较好地解决保温和承重问题，也更加符合绿色、可持续发展的要求，是未来外墙构造的发展趋势（图3-14）。

2. 凝结水问题

在中国北方地区，外墙内表面或墙体内部出现凝结水是比较严重的问题。

在外墙的内表面产生凝结水，会造成墙面的潮湿、霉变，影响室内美观，并会降低墙体的保温性能。这种凝结水多是由于"冷桥"现象形成的。所谓冷桥，在这里是指由某种原因造成墙体局部的保温能力明显低于周边的部分，致使该部位的内表面温度低于周边墙面的表面温度，结果就造成水蒸气在这一局部集中凝结。冷桥的成因很多，比较

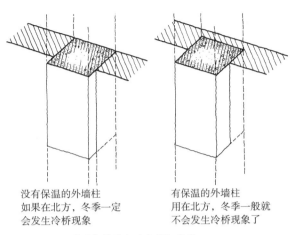

图 3-17　外墙与柱的组合与保温构造

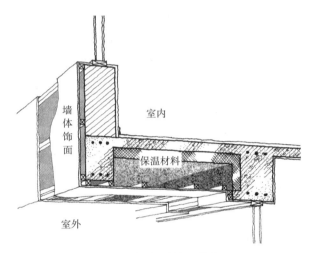

图 3-18　外墙梁及悬挑楼板的保温构造

见的是在混凝土梁、柱的附近，由于混凝土的保温能力较一般墙体材料差，如果没有额外的保温处理，就会形成典型的冷桥。解决的办法就是对该部位进行一定的保温处理（图 3-17、图 3-18）。

至于墙体内部的凝结水，多是由于墙体的密实度不够，当室内的暖湿空气通过墙体内的空隙向外渗透时，水蒸气在墙体内部遇冷凝结，产生凝结水。这种凝结水会使外墙的保温能力明显降低，严重的会因为水的冻涨作用而造成墙体结构的破坏。

解决墙体内部凝结水的主要办法是增加墙体的密实度，减少水蒸气在墙体内的渗透机会。还可以通过增设保温层来增强墙体的保温能力。如果室内的湿度很大时（如厨房和浴室等空间），可以增设隔蒸气层，有效隔绝水蒸气的渗透途径，隔气层的材料可以是通常的防水材料，如防水涂料、防水薄膜或卷材等（图 3-19）。

3. 空气渗透

所谓空气渗透有两方面含义。一方面是由于风压作用，室外的冷空气通过围护结构的孔隙渗透到室内。另一方面是室内的温暖空气在热压的作用下渗透到室外。这两种情况对保温都是不利的，同时也会令人很不舒服。因此我们必须想办法避免和减

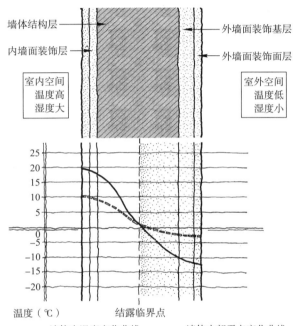

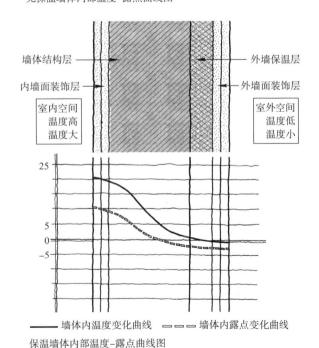

图 3-19　墙体内部能否形成凝结水的原理

少空气渗透，风压和热压是必然存在的，唯一的解决途径是减少墙体内的孔隙。孔隙产生的原因是多方面的，有的墙体材料本身就不十分密实，不同材料、构件间的连接处也比较容易出现缝隙。针对这些情况，可以通过选用密实度高的墙体材料、加强接缝处的密封处理或者在墙体的表面附加装饰层等方法，来改善墙体内的空气渗透现象。

4．夏季防热

一般来说，对于北方寒冷地区，其冬季的保温构造措施就足以满足夏季的防热要求。而对于炎热地区，其夏季太阳辐射强烈，室外热量通过外围护结构传入室内，使室内温度升高，影响室内环境的舒适度，甚至可能损害人的健康。因此外墙应具有足够的隔热能力，常用措施如下。

（1）增加外墙热阻，做法类似墙体的保温构造，可以有效减缓室内外的热交换，提高室内空间的热稳定性。

（2）外墙表面选用光滑、平整、浅色的材料，以增加对太阳能的反射能力，从而达到降低室内温度的目的。地中海的白色建筑应该就是这个道理，还有我国的江南地区传统建筑，都是比较典型的例子（图3-20、图3-21）。

图3-20　地中海的白色建筑可以有效地反射阳光，达到防热的效果

图3-21　中国江南的民居与园林，利用植物、水体及建筑单体的组合等多种手段来营造宜人的小气候

（3）合理组织总平面、合理设计建筑单体，争取良好朝向，避免西晒，组织流畅的穿堂风，采用必要的遮阳措施，搞好绿化以改善环境小气候。

3.2.3 墙体的隔声

我们周围到处充斥着各种不同的声音。这些声音中有些是我们想听到的，有些是我们讨厌的、不想听到的——我们把不想听到的声音称之为噪声。为了获得较为舒适的生存空间，要将噪声控制在一定强度范围以内，因为绝对没有噪声的空间是不存在的。控制噪声最有效的办法是控制噪声源，但当我们对控制噪声源无能为力时，想办法控制噪声的传播就成为比较可行的方法（图3-22、图3-23）。

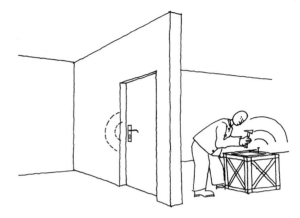

图3-22 声音在建筑中的空气传播

噪声的传播主要有空气传播和固体传播。密实的墙体可以有效隔离大部分由空气直接传播的噪声。空气声在墙体中的传播途径有两种：一是通过墙体的缝隙和微孔传播，二是在声波作用下墙体受到振动，声音透过墙体而传播。根据这些原理，通常我们可以对墙体采取一些措施，以达到有效控制噪声的目的。

（1）加强墙体的密缝处理。如墙体与门窗、通风管道等缝隙进行密缝处理，以减少噪声通过孔洞的传播。

（2）增加墙体密实性及厚度，避免噪声通过孔隙穿透墙体或通过墙体振动传播。砖墙的隔声能力是较好的，比如120mm厚砖墙空气隔声量为45dB，240mm厚砖墙空气隔声量为49dB（dB为声音强度计量单位）。显然，依靠增加墙体的厚度来提高隔声量的办法不够经济也不够科学。

（3）采用有空气间层或多孔性材料填充层的复合墙。由于空气或玻璃棉、轻质纤维等多孔材料具有减振和吸声作用，因而可以有效提高墙体的隔声能力。空气间层的厚度以80~100mm为宜，而多孔材料一般应放在靠近声源的一侧。

将噪声控制在什么程度才合适呢？越小越好的说法显然是不科学也没有必要的。对此我们国家制定了很详细的标准，比如城市住宅的室内噪声级不

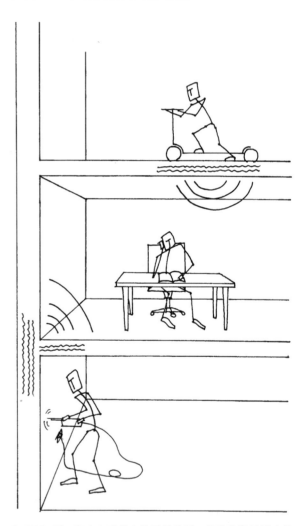

图3-23 声音在建筑内的固体传播，这种传播的影响范围很广

应超过42dB、安静的教室不超过38dB、无人的剧场不超过34dB等。

那么围护结构的隔声能力怎样才能知道是否达到了标准呢？这里有一个围护结构的隔声量计算公式：

围护结构的隔声量(dB)= 室外噪声级(dB) — 室内允许噪声级(dB)

$$R = L - L_0$$

我们可以查到不同室内空间的允许噪声级，同时通过实地测量，也可以知道相应的室外的实际噪声级，根据这个公式，就可以求得围护结构应该满足的隔声量要求了，据此经过一定的隔声处理，就可以将室内的噪声控制在规范规定的范围之内了。

3.2.4 墙体的变形

建筑看起来很坚固，但实际上无论什么样的建筑都从未停止过变形，虽然这种变形通常很细微，很难察觉，但却会在结构体内部产生很大的应力，一旦这种应力累积到一定程度，就会对建筑造成破坏。为防止建筑的破坏，我们在建筑的设计阶段就将建筑划分成若干个独立的部分，各部分之间留有一定的空隙，使各部分能自由的变形而不被破坏。这种将建筑物垂直分开的预留缝称为变形缝。

常见的变形缝包括伸缩缝、沉降缝和防震缝三种。作用分别是保证房屋在温度变化、基础不均匀沉降和地震时能有一定的自由变形能力，以防止墙体开裂、结构破坏等（图 3-24 ～图 3-26）。

1. 伸缩缝

伸缩缝也叫温度缝。像所有物体一样，随着温度的变化，建筑物会发生热胀冷缩的变形。为防止建筑构件因热胀冷缩产生温度应力，使房屋出现

图 3-25 墙身变形缝

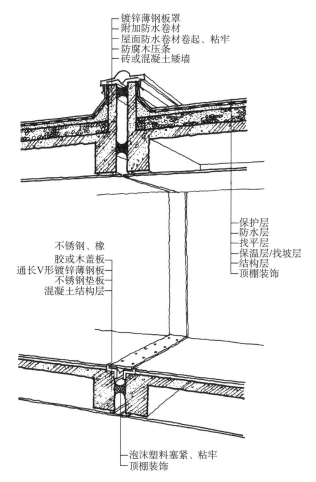

图 3-26 建筑变形缝处的结构及构造

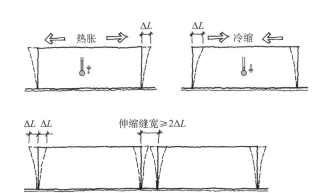

图 3-24 四季温差较大的地区，为防止建筑构件因热胀冷缩而破坏，通常将体量过大的建筑在可能会发生破坏的地方断开，做成伸缩缝，也叫温度缝

裂缝或破坏，在沿建筑物长度方向按一定距离预留垂直伸缩缝。伸缩缝是从基础顶面开始，将建筑分成若干段，而基础不必断开。伸缩缝间距因当地气候条件和建筑本身的规模的不同而有所差异，中国北方地区通常限制在 60m 左右，伸缩缝的宽度为

20～30mm，缝内应填保温材料，并应作适当的遮挡处理。

2. 沉降缝

由于建筑的自重，在其建造和使用的过程中，会将地基下的土层不断压实，使建筑产生下沉，这种现象叫做建筑物的沉降。当建筑物各部分的自重不同（比如高层建筑的塔楼和裙房），或者建筑跨在不同承载力的地基之上，不同部位的沉降量不同，就产生了不均匀沉降的现象，当不均匀沉降现象比较严重时，就会造成建筑物的破坏。沉降缝的作用是防止建筑物因不均匀沉降而造成的破坏。沉降缝一般从基础底部断开，并贯穿建筑物全高。沉降缝的两侧应各有相对独立的基础和墙体，使两侧成为各自独立的单元。

沉降缝应设置在体型比较复杂的建筑物的平面转折部位、高度和荷载差异较大处；过长建筑物的适当部位；地基土的压缩性有显著差异处；不同基础类型的交界处以及分期建造房屋的交界处。二、三层建筑物的沉降缝宽度为50～80mm，四、五层建筑物的缝宽为80～120mm，六层以上建筑物的缝宽不小于120mm。

3. 防震缝

在地震力的作用下由于不同的形体与结构的震动规律不同，就会在建筑物的形体与结构变化的部位产生很大的应力，使建筑发生破坏。为了防止地震中的建筑物发生这种破坏，要设置防震缝。当建筑物的立面高差在6m以上，或建筑物有错层，并且楼板高差较大，当建筑物的各组成部分的刚度截然不同时，都要在变化的交接处设置防震缝。

防震缝最小缝宽50～100mm，高层建筑物的防震缝的宽度按建筑总高度的1/250考虑。防震缝从基础顶面开始，贯穿建筑物的全高，基础不必断开。

3.3 建筑中的砖墙

前面曾经提到，墙体因主要结构材料和施工工艺的不同可以分为砌筑墙体、板材墙体和浇筑墙体。因为砌筑墙体历史悠久、应用广泛，这里就以比较传统的砌筑墙体——砖墙为例，具体阐述一些墙体的细部构造。

砖墙有很多优点，比如结构简单，施工简便，形态灵活，保温、隔热及隔声的效果好，防火和防冻等特点，有一定的承载能力，并且取材容易、生产制造技术难度低，不需大型设备。缺点主要体现在不能适应时代的发展，比如人工劳动量大、工业化程度低、施工速度慢、墙身自重大等，更主要的是黏土砖的生产破坏农田、浪费能源、污染环境，在大多数城市已经限制使用，黏土砖必将逐渐被其他材料所取代（图3-27）。

● 图3-27 砖墙的砌筑，人工劳动量较大，不适合大机械作业。施工人员的素质直接影响墙体的砌筑质量

3.3.1 砌筑材料和墙体尺寸

砌筑墙体的主体结构材料是各种砌块，还有砂浆，砂浆作为胶粘剂将砌块砌筑在一起。

传统的砌块主要是黏土砖和各种天然石，现在还有灰砂砖、水泥砖等。形态又有实心砖、空心砖和多孔砖等。并且随着技术的进步，各种新材质、新形态的砖还会不断产生。

作为粘结材料的砂浆，常用的有水泥砂浆、石灰砂浆和混合砂浆三种。水泥砂浆强度高、防潮性能好；石灰砂浆和易性好，强度、防潮均差；混合砂浆由水泥、石灰、砂拌合而成，有一定的强度，和易性也好，所以应用广泛。

为了尽量地提高建筑的施工效率，以及本着节约的可持续发展原则，各种砌块都尽量采用统一的规格。

几种常见的砖和砌块的主要规格如表3-1所示。

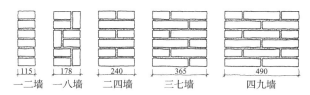

● 图3-28 通过砌块的不同组砌方式，可以得到不同的墙体尺度

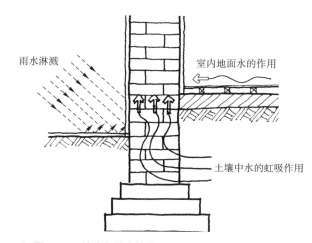

● 图3-29 墙脚部位水的作用原理

常用砌块尺寸表　　表3-1

砌块种类	砌块尺寸（mm）		
	长	宽	高
普通黏土砖	240	115	53
多孔砖	240	115	90
	240	180	115
空心小砌块	190	190	390
	190	90	190
	190	190	90
中型砌块	280	240	380
	580	240	380

3.3.2 砌筑墙体的细部要点

砌筑式墙体在砌筑的过程中除了要保持整体的平整、稳固之外，有些部位必须经过特殊的处理，否则会出现一些相应的问题。这些部位按照从下到上的顺序，主要包括墙脚部分、门窗洞口等处以及檐部的处理。

1. 墙脚

墙脚是指室内地面以下，基础以上的这段墙体，也就是墙体的根部。由于砌块本身存在很多微孔，以及墙脚所处的位置常有地表水和土壤中水的渗透，尤其是由于毛细现象，会导致墙身受潮、饰面层脱落、影响室内卫生环境，甚至造成墙体破坏。因此，必须做好墙脚处的防潮、防水处理，增强墙体的坚固性及耐久性（图3-29）。

（1）防潮层及其构造

防潮层的作用是防止土壤中的水分由于毛细现象而沿墙爬升，从而避免墙身因受潮而导致的墙体结构破坏、饰面层霉变、脱落等。

防潮层的位置应在室内地坪与室外地坪之间，以有防水作用的地面垫层中部为最理想。以能够防止地下水沿墙爬升为原则（图3-30～图3-32）。

防潮层的做法有很多，通常可以用防水材料来做防潮层，常见的防潮层构造有三种。

第一种是防水砂浆防潮层。砌砖时在须做防潮层的位置上抹一层20mm厚的防水砂浆（1∶3水泥

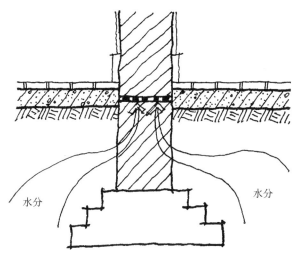

● 图3-30 防潮层的位置——墙体两侧地坪等高

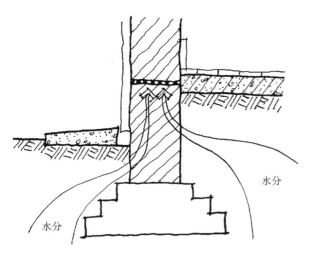

● 图 3-31 防潮层的位置——室内地坪高于室外地坪

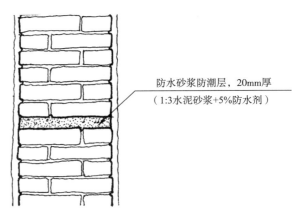

● 图 3-33 防潮层的构造——防水砂浆防潮层

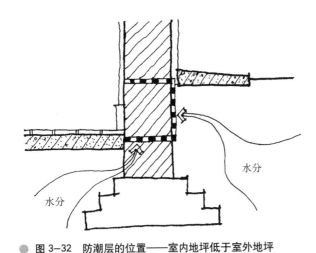

● 图 3-32 防潮层的位置——室内地坪低于室外地坪

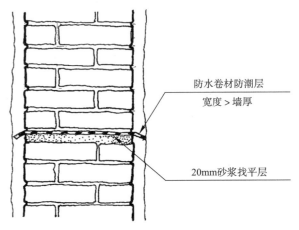

● 图 3-34 防潮层的构造——防水卷材防潮层

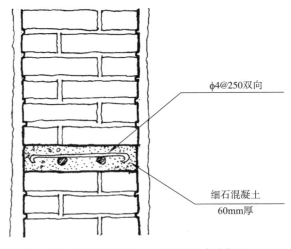

● 图 3-35 防潮层的构造——细石混凝土防潮层

砂浆加 5% 防水剂）作为防潮层，适用于抗震设防地区（图 3-33）。

第二种是防水卷材防潮层。在须做防潮层部位先抹 20mm 厚的砂浆找平层，然后铺上防水卷材。卷材的宽度应与墙厚一致或稍大一些（图 3-34）。

防水卷材虽然防潮较好，有一定的抗变形能力，但它使基础墙和上部墙身断开，发生地震时墙体可能会在该部位发生相对滑移，从而减弱了墙身的抗震能力。

第三种是细石混凝土防潮层。由于混凝土本身具有一定的防潮性能，常把防水要求和结构做法合并考虑。即在室内外地坪之间浇筑 60mm 厚的细石混凝土防潮层，内放 φ4@250mm 的钢筋网片（图 3-35）。

如果墙角结构采用不透水的材料（如条石或混凝土等），或采用钢筋混凝土地圈梁时，可以不设防潮层（图 3-36）。

（2）勒脚

外墙墙身下部靠近室外地坪的部分就叫勒脚。

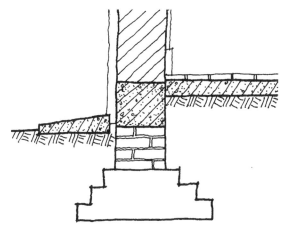

● 图 3-36 混凝土地圈梁处在防潮层的位置，因混凝土具备一定的防水功能，也就不必再做防潮层了

该部位一般要进行特殊的处理，其作用是防止地面水、屋檐滴水侵蚀墙面，保证室内干燥、提高建筑物的耐久性，同时美化建筑外观（图 3-37、图 3-38）。

勒脚一般是采用防水、耐磨、强度较高的材料制成，常用做法有抹水泥砂浆、水刷石、加大墙厚、贴天然石材等。

勒脚高度一般为室内外地坪高差或根据立面效果需要确定。

（3）散水与明沟

散水或明沟的作用是迅速排除从屋檐滴下的雨水，防止因积水渗入而破坏地基。

散水指的是靠近勒脚下部的水平排水坡。散水的宽度以 600～1000mm 为宜。当屋面采用无组织排水时（屋顶有挑檐），宽度可按檐口线放出 200～300mm。散水的坡度为 3%～5%。当散水采用混凝土时，需要按 20～30m 间距设置伸缩缝。散水与外墙间要设缝，缝宽可为 20～30mm，缝内填沥青类材料。散水面层材料有细石混凝土、混凝土、水泥砂浆、卵石、块石、花岗石等。散水垫层材料有 3:7 灰土、卵石灌砂浆等（图 3-39）。

明沟是靠近勒脚下部设置的水平排水沟。一般在年降水量为 900mm 以上的地区选用。沟宽一般为 200mm，沟底应有 0.5% 左右的纵坡，以利于水的排除。常用材料有砖、混凝土等（图 3-40）。

● 图 3-37 砖墙的石材勒脚

● 图 3-38 随着很多高强度、防水的外墙饰面材料的大量应用，勒脚的功能与形态已经弱化了

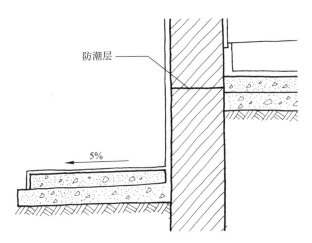

● 图 3-39　散水是防止雨水在墙脚部分积存的一种处理措施，用于降水量不大的地区。其宽度一般在 600～800mm 左右，呈一定的向外的坡度，面层为防水材料

（4）踢脚

踢脚是外墙内侧、内墙两侧的墙体下部和室内地坪交接处的构造。它的原始目的是防止清洁地面时污染墙面。

踢脚高度一般为 120～150mm。所采用的材料一般与地面材料类似，有水泥砂浆、水磨石、木材、缸砖、油漆等，也可以是一些新型材料，如不锈钢等（图 3-41）。

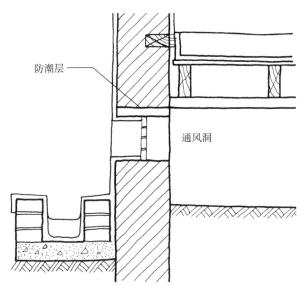

● 图 3-40　明沟是防止雨水在墙脚部分积存的一种处理措施，用于上海、杭州等降水量较大的地区。其沟槽的宽度一般在 200mm 左右，沿沟体方向呈一定的纵向坡度，沟内面层为防水材料

2．洞口

（1）洞口尺寸

砖墙洞口主要是指门窗洞口，其尺寸应按模数协调统一标准制定，这样可减少门窗规格，有利于工厂化生产。国家及各地区的门窗通用图集都是

● 图 3-41　墙面下部的不锈钢踢脚

按照扩大模数3M的倍数为宜，因此一般门窗洞口宽、高的尺寸采用300mm的倍数。例如：600mm、900mm、1200mm、1500mm、1800mm等。

（2）门窗过梁

为承受门窗洞口上部的荷载，并把它传到门窗两侧的墙上，以免压坏门窗框，在门窗洞口上部需要加设过梁。

门窗的过梁主要有三种：钢筋混凝土过梁、钢筋砖过梁、砖砌平拱。

钢筋混凝土过梁承载能力强，可用于较宽的洞口。并且预制钢筋混凝土过梁的现场施工速度快，比较常用。过梁的预制可以在工厂也可以在施工现场（图3-42）。

过梁的长及高均和洞口尺寸有关，梁高应按结构计算确定，同时应配合砖的规格。过梁两端搁入墙内的长度不小于240mm。因为钢筋混凝土的导热系数大于砖，在寒冷地区为了避免在过梁内表面因冷桥现象而产生凝结水，采用L形过梁使外露部分的面积减小，或把过梁全部包起来（图3-43、图3-44）。

钢筋砖过梁是在洞口顶部配置钢筋，形成能受弯矩的加筋砖砌体。钢筋直径6mm，间距小于

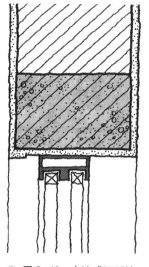

图3-43 内墙或温暖地区外墙的门窗过梁，不需考虑冷桥问题

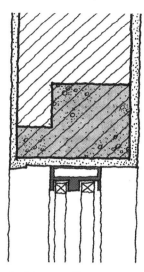

图3-44 做了保温处理的外墙门窗过梁，解决了冷桥的问题，适用于北方寒冷地区的外墙

120mm，钢筋伸入两端墙内不小于240mm。用水泥砂浆砌筑。高度不小于5皮砖，且不小于洞口宽度的1/4。最大适用跨度为2m（图3-45）。

砖砌平拱是将砖侧砌而成，灰缝上宽下窄使侧砖向两端倾斜，相互挤压形成拱的作用，两端下部伸入墙内20～30mm，中部的起拱高度约为跨度的1/50。用于非承重墙上的洞口，最大跨度为1.2m（图3-46）。

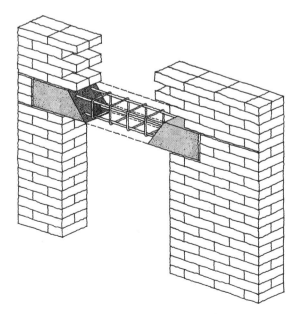

图3-42 钢筋混凝土过梁。它是现代建筑中应用最广的一种过梁形式，能够适应较大的洞口宽度，且施工简便，可以采用现浇和预制两种方式

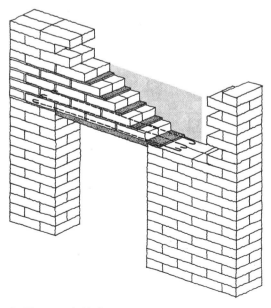

图3-45 钢筋砖过梁，在洞口上部砌砖时加入一定量的钢筋，形成过梁

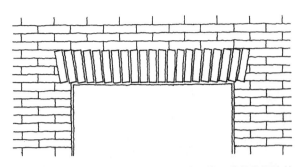

图3-46 砖砌平拱，这是小洞口过梁的一种较为经济的解决方式

3. 檐部

屋顶要承接雨水，要使雨水顺利地排掉，又不会污染墙面，所以要对屋顶与外墙的相交部位——檐部进行处理，通常的做法有挑檐和女儿墙两种。

（1）挑檐多采用预制或现浇钢筋混凝土，挑出尺寸以500mm左右为宜（根据建筑整体形势的要求可以适当加大）。挑檐做法使落在屋顶上的雨水从挑檐边缘向四周自由下落，这种屋面排水方式叫做无组织排水（图3-47）。

挑檐的形式有两种，一种是挑檐与屋面结构层连为一体，即通过楼板的悬挑形成挑檐，楼板可以是预制的也可以是现浇的钢筋混凝土楼板。另一种是用独立的挑檐板形成挑檐，挑檐板一般要与圈梁或挑檐梁连为一体，以保证其稳定。

（2）女儿墙是墙身在屋面以上的延伸部分，其厚度可以与墙身一致，也可以使墙身适当减薄。高

图3-47 挑檐对于建筑，不仅有利排水，还有很强的造型作用

图3-48 女儿墙也可以采取一些形式上的变形、处理

度：不上人屋面不小于800mm；上人屋面不小于1300mm。由于女儿墙的限制，雨水在屋顶上汇集，并通过一定数量的雨水管将雨水排掉，叫做有组织排水（图3-48、图3-49）。

3.3.3 砖墙的加固

由于砌体结构的墙体整体性与稳定性差，所以在抗震设防等级高的地区，尤其是对于多层建筑，常常要采取一些措施增强墙身的强度和稳定性，更好地满足抗震要求。

1. 利用门垛或加设壁柱

在墙体上开设门窗洞口时，特别是墙体转折处或丁字墙处，设置门垛用以保证墙身稳定和门框的安装，门垛厚度与墙厚相同，长度一般为120mm或240mm，过长会影响室内空间的使用（图3-50）。

当墙体受到集中力作用或墙体过长时（如240mm厚，长度超过6m），应增设壁柱（扶壁），和墙体共同承担荷载和稳定墙身。通常壁柱凸出墙面120mm或240mm，壁柱宽370mm或490mm。

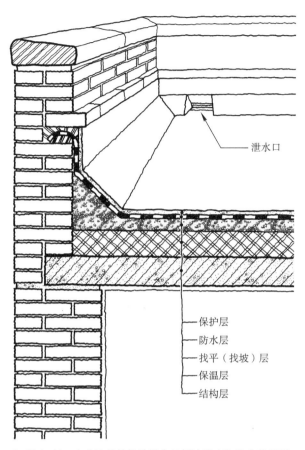

图 3-49 女儿墙处的构造重点是解决排水和防水的问题

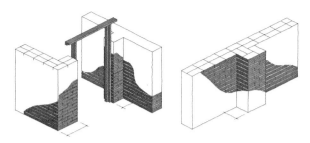

图 3-50 门垛和壁柱

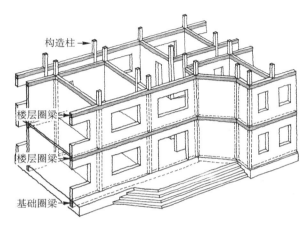

图 3-51 圈梁，在增强砌体结构建筑的整体性以及抗震能力方面，圈梁的作用极为明显。并且基础圈梁可以有效地解决建筑基础不均匀沉降的问题

图 3-52 照片中墙面上的白色部分，水平的为圈梁，竖向的为构造柱

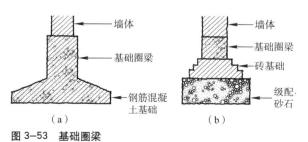

图 3-53 基础圈梁
（a）钢筋混凝土中；（b）刚性基础中

2．增设圈梁

我们都知道，砌筑墙体不是一个整体，为了增强其整体性，可以沿墙内的某一高程用钢筋混凝土做一圈封闭的梁，就像一道环将墙体连成一个整体。

圈梁的作用是增加房屋的整体刚度、稳定性、整体性。减轻地基的不均匀沉降对建筑可能造成的破坏，更重要的是抵抗地震力的影响。

圈梁设在房屋四周外墙及部分内墙中，处于同一水平高度，上表面与楼板水平，像箍一样把墙箍住，将墙体联结成一个整体（图3-51、图3-52）。

钢筋混凝土圈梁的断面宽度为墙厚的2/3，且不小于240mm，高度一般为180mm或240mm，内配钢筋笼。

钢筋混凝土圈梁被门窗口截断时，应在洞口部位增设相同截面的附加圈梁，附加圈梁与圈梁的搭接长度不应小于其垂直间距的两倍，并不小于1m（图3-53）。

3. 增设构造柱

构造柱的作用是与圈梁连接，形成三维的封闭骨架，是增强房屋整体性、提高抗震能力的有效措施。

构造柱一般设在外墙四角、大房间横纵墙交接处、较大洞口两侧或错层部位墙体交接处。

构造柱的最小断面是240mm×180mm。

构造柱的构造要点：施工时，先放构造柱的钢筋骨架，再砌砖墙，最后浇筑混凝土。构造柱两侧的砖砌体应做到"五进五出"，即每300mm高伸出60mm，每300mm高再收回60mm（图3-54）。构造柱外侧应该有120mm厚的保护墙，尤其是在北方地区可以有效地减轻冷桥现象。构造柱的下部应伸入地梁内，无地梁时应伸入室外地坪下500mm处。构造柱的上部应伸入顶层圈梁，以形成封闭的骨架。为加强构造柱与墙体的联结，应沿柱高每8皮砖（500mm）放2Φ6钢筋，且每边伸入墙内不少于1m（图3-55、图3-56）。每层楼面的上下和地梁上部的各500mm处为箍筋加密区，加密至100mm。

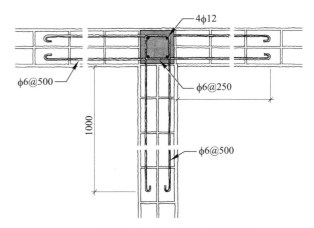

图 3-55 构造柱的基本配筋及其与砌体的拉结

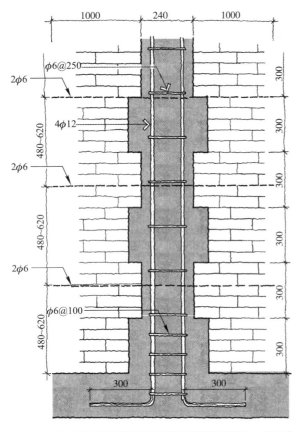

图 3-54 构造柱的施工是先砌墙后浇筑混凝土，并且砖墙要砌成"五进五出"，以便于砌体与混凝土紧密的咬合

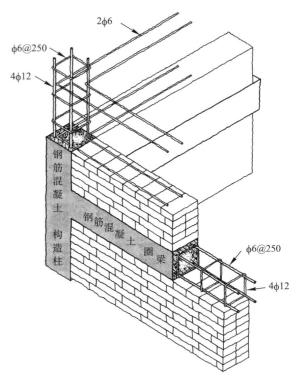

图 3-56 圈梁和构造柱共同作用的节点

3.4 建筑中的隔墙

3.4.1 隔断墙的设计要点

建筑中不承重、只起分隔室内空间作用的墙体叫隔断墙。通常把到顶的叫隔墙，不到顶的叫隔断。

隔断墙原则上应愈薄愈轻愈好，以减轻对楼板的荷载、增加建筑的有效空间。但同时应满足其自身的强度、稳定性的要求，特别注意与承重墙的连接部分。此外，隔断墙要满足隔声、耐水、耐火等使用要求。

3.4.2 常用隔墙

隔墙的种类很多，按其构造方式可分为：块材隔墙、轻骨架隔墙、板材隔墙三种。

1. 块材隔墙

块材隔墙是一种比较传统的隔墙，用各种砖或砌块垒砌而成。以黏土砖隔墙为例，常用到的墙厚有120mm、240mm两种，采用普通黏土砖或黏土空心砖砌筑，也可以同时用这两种砖砌筑——用普通黏土砖砌筑墙体的周边及突出部分，以增强墙体的抗碰撞能力及稳定性。这种墙体可以基本满足隔声、耐水、耐火等要求。

为了加强墙体稳定性，我们可以采取一些措施：(1)隔墙与承重墙连接处做拉结筋。(2)隔墙上部与楼板连接处立砖斜砌。(3)隔墙上有门时，用预埋件将墙与门框拉结牢固。(4)墙体达到高3m长5.1m时，应每8～10皮砖砌入一根φ6钢筋，以增加墙体的整体性（图3-57～图3-59）。

2. 轻骨架隔墙

轻骨架隔墙是一种轻质隔墙，由骨架和面层两

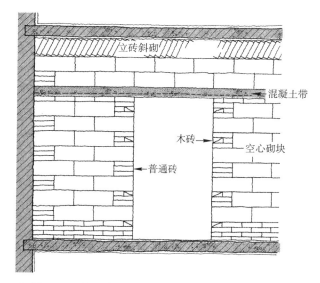

图3-58 空心砖墙体的砌筑要考虑边角处的加强以及增强墙体的整体性和稳定性。常见的方法有实心砖强化边角、加设拉结钢筋、做钢筋混凝土带等

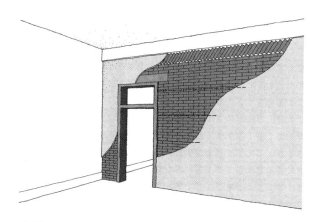

图3-59 砌筑隔墙要注意大面积墙体的稳定性，以及墙体顶部的处理

部分组成。由竖向的承重主龙骨和横向的次龙骨构成。主龙骨的断面大小和间距要根据面板的尺寸、重量等材质特性以及墙体的尺度确定，而次龙骨的间距主要取决于面板的尺寸和墙面的设计分格装饰线的间距。常用的骨架有木骨架和型钢骨架。常见的面层有抹灰面层和饰面薄板（胶合板、纤维板、石膏板和天然石板等）面层（图3-60）。

龙骨与板材的连接方式主要有贴面式、嵌板式和干挂式三种。

贴面式是将板材贴于龙骨表面，龙骨全部隐藏在面板的后面。常用的固定方式根据板材和龙骨的特性，可以用胶粘剂粘贴和螺栓固定。嵌板式是将

图3-57 空心砖墙体，墙体的周边要用黏土实心砖加强

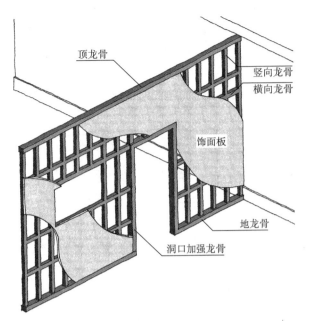

图 3-60 龙骨板材隔墙。要注意洞口处的龙骨加强

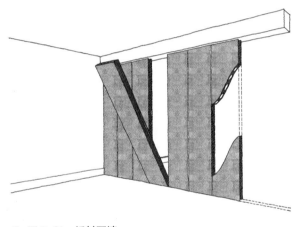

图 3-61 板材隔墙

板材置于龙骨中间，龙骨显露于墙面，形成分格。干挂式是利用挂件将面板卡在龙骨上，做法及效果类似于干挂石材。

轻骨架隔墙的厚度一般在 80～200mm 之间，以石膏板隔墙为例，石膏板单层板拼装厚度有 80mm、105mm、130mm，石膏板双层板拼装厚度有 150mm、175mm、200mm。

3. 板材隔墙

板材隔墙是指单板高度相当于房间净高，有一定宽度的板材，不依赖骨架，直接装配而成的隔墙。现在，大多数的板材隔墙还处在试验、推广阶段，有一些已相对成熟，已经有了较广泛的应用（图 3-61）。这种隔墙根据所采用板材的不同，常见的有以下几种。

（1）增强水泥空心板

属轻质板材，由水泥、膨胀珍珠岩、细骨料、耐碱纤维网格布，及低碳冷拔钢丝为主要材料制成。常见规格：板厚 90mm、120mm，宽 595mm，长 2400～3300mm。

（2）增强石膏空心板

属轻质板材，由建筑石膏、膨胀珍珠岩、耐碱纤维网格布等为主要材料制成。规格同上。

（3）轻质混凝土空心板

属轻质板材，由水泥、膨胀珍珠岩、轻细骨料，及双层低碳冷拔钢丝网片为主要材料制成。规格同上。

（4）加气混凝土板隔墙

板厚 100mm 左右，轻质多孔易于加工，可以现场切割。拼装时，可以用水泥砂浆，也可以用建筑胶粘结。

（5）钢筋混凝土板隔墙

板材的形状比较自由，可根据要求进行预制，可以在上面开洞口或预制洞口。板材的连接是利用其上的预埋件焊接。

（6）碳化石灰空心板隔墙

磨细生石灰 + 玻璃纤维；厚度 100mm。

（7）泰柏板隔墙

即钢丝网泡沫塑料水泥砂浆复合墙板。以钢丝网笼为构架，填充泡沫塑料芯层，表面水泥砂浆。重量轻、强度高、防火、隔声、不腐烂。基本产品规格 2440mm×1220mm×75mm，抹灰后的厚度 100mm。

（8）GY 板隔墙

即钢丝网岩棉水泥砂浆复合墙板。以钢丝网笼为构架，填充岩棉板芯层，表面水泥砂浆。其特点为重量轻、强度高、防火、隔声、不腐烂。产品规格（2400～3300）mm×（900～1200）mm×（55～60）mm。

3.5 外墙面装饰

3.5.1 外墙面装饰功能及分类

1. 外墙面装饰的基本功能

（1）保护墙体；（2）改善墙体物理性能（保温隔热、防潮、隔声等）；（3）美化建筑立面。

2. 外墙面装饰的分类

根据所采用的装饰材料、施工方式和本身效果的不同，墙面装饰可划分为5类：（1）抹灰类装饰；（2）石渣类装饰；（3）贴面类装饰；（4）板材类装饰；（5）清水墙装饰。

3.5.2 外墙面装饰做法

1. 抹灰类装饰

抹灰类装饰的主要材料有水泥砂浆和混合砂浆。他的构造层次一般分为粗底涂、中底涂、面层（图3-62）。它们相应的厚度要求与构造特点如下：

（1）粗底涂

砖墙面的粗底涂厚10mm，涂前湿润墙面。

混凝土墙面的粗底涂一般要进行表面处理（凿毛、甩浆、划纹或涂刷渗透性较好的界面处理剂）后才可进行。

加气混凝土墙面的粗底涂是先涂一层水泥浆（107建筑胶水＋水＋水泥）后进行。或墙面满钉孔大30mm左右、直径0.7mm的镀锌钢丝网后进行，其特点为效果好、整体刚度强、不易开裂脱落。

（2）中底涂

中底涂的主要作用是找平，根据装饰标准的不同可做一层或几层。其用料与粗底涂基本一致。

（3）抹灰面层

抹灰面层的材料为水泥砂浆（1：2.5/1：3），可以防水、抗冻。现在更多的是在面层的基础上再粉刷外墙涂料，其质感和色彩可以有多种选择（图3-63）。

抹灰类的墙面一般都要做引条线，就是将饰面分块的线条。其主要的作用是防止材料因干缩或冷缩开裂以及施工接槎、维修方便，此外还可以丰富立面……引条线一般是凹缝，做法如图3-64所示。

抹灰面层主要的质量问题是裂缝、空鼓、花脸。裂缝的原因一般是水泥比例高、骨料粒径过小或砂浆过厚等。避免的办法是选用砂浆比例1：2.5～1：3、骨料粒径0.35～0.5mm、每层的厚度10mm左右。空鼓的原因一般是面层与中底涂层间粘结不牢，可能是抹灰前淋水不匀或两层收缩变形系数不一样等原因造成的。只要做到砂骨料粒径稍大、底层表面粗糙就会有很大改善。花脸的原因主要是水泥水化不均匀或有盐析作用。一般来说这种现象消除不太容易，但加疏水剂可以有所改善。

2. 石渣类装饰

石渣类墙体饰面是将细碎的石渣同水泥拌合在一起，以水泥为胶凝材料，最终在墙面上显露出石渣的色彩和质感。一般有水刷石、干粘石、斩假石等几类具体做法。这类墙面比抹灰类墙面耐光性好、色泽明亮、质感丰富、装饰效果好（图3-65）。

石渣类墙面的基本构造层次与抹灰类墙面相同，只是面层显露石渣（图3-66）。石渣可选用天然大理石、白云石、方解石、花岗石、彩色陶粒等。其粒径有大八厘8mm、中八厘6mm、小八厘4mm、米

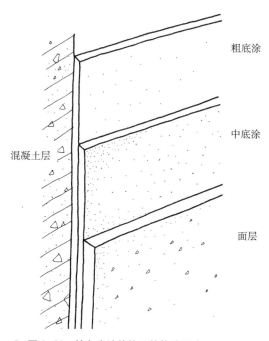

图3-62 抹灰类墙体饰面的构造层次

● 图 3-63 抹灰墙体饰面

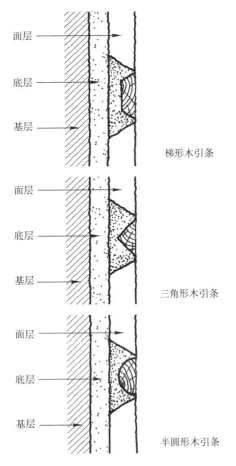

梯形木引条

三角形木引条

半圆形木引条

● 图 3-64 抹灰类墙体饰面的引条线

● 图 3-65 石渣类墙体饰面效果

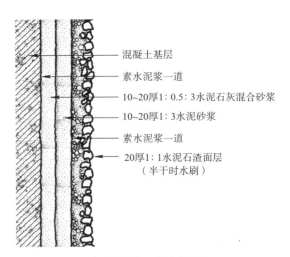

混凝土基层
素水泥浆一道
10~20厚1:0.5:3水泥石灰混合砂浆
10~20厚1:3水泥砂浆
素水泥浆一道
20厚1:1水泥石渣面层（半干时水刷）

● 图 3-66 石渣类墙体饰面的基本构造

粒石 2～4mm，也可用粒径 30mm 以上的卵石骨料，只是其呈现的效果会有所不同。另外，同抹灰类墙面一样，石渣类墙面也要做引条分隔线。

（1）水刷石墙面的面层做法是以 1∶1 以上水泥、石子拌合料涂抹墙面，待表面初凝后，用喷水枪冲刷墙面一层水泥，至露出石子满足要求为止。

（2）干粘石的墙面效果类似水刷石，具体做法是先涂抹 5mm 厚粘结砂浆，再向上喷射石子（3～5mm）。特点是不用水冲、节省水泥、省时，施工现场较整洁。但石渣易脱落，平整度、色泽不如水刷石的好。

（3）斩假石、剁斧石是模仿天然石材的效果，就是将石渣同水泥的拌合料预制成砌块或直接涂抹于墙体表面，待其硬化成型后，用斧具雕凿其表面，模仿天然石材的机理（图 3-67）。根据雕凿方法的不同，表面机理有棱点剁斧、花锤剁斧、立纹剁斧等多种。

3．贴面类装饰

贴面类墙体饰面是将规格和厚度较小的块料粘贴到墙体底涂或基层上的一种装饰做法。常用的材料有陶瓷制品如瓷砖、面砖、陶瓷锦砖，小规格天然石材薄板（边长 300mm 以内，厚度 10mm 左右，形状规则或不规则）。外墙的贴面类装饰，要求坚固耐久、色泽稳定、耐腐蚀、防水、防火和抗冻。

陶瓷制品的吸水率应当适当，吸水率高，粘结的牢固程度高，但是抗冻性、抗污染能力差，吸水率低，抗冻性、抗污染能力强，但是粘结的牢固性差。

外墙面砖是现在应用最广泛的外墙装饰材料之一。面砖的着色方法分为釉下彩、釉上彩。釉下彩色彩种类较少，釉上彩色都较丰富，但色彩附着力差，时间久了易退色、掉色。外墙面砖的背面有凹槽，可以保证与墙体粘结得更牢固（图 3-68～图 3-72）。

陶瓷锦砖主要有玻璃和磁质的两种，制成的片状小方块（约 20mm×20mm），为了便于施工，事先将其贴在 303mm×303mm 的牛皮纸上。

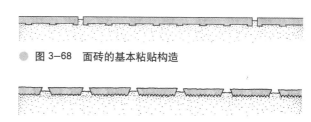

● 图 3-68　面砖的基本粘贴构造

● 图 3-69　陶瓷锦砖的基本粘贴构造

● 图 3-70　面砖装饰效果

● 图 3-67　斩假石的效果

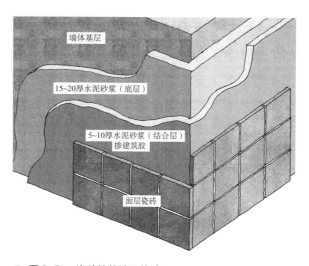

● 图 3-71　瓷砖的外墙面粘贴

图3-72 施工中的面砖装饰。面砖间要留一定的灰缝，以保证边、缝的平直

镶贴方法与工序：墙上弹线→纸板的陶瓷锦砖上满刮1～2mm厚白水泥胶水浆→弹好线的墙上喷水→纸板贴到墙上，轻拍，直至胶浆挤满块缝→初凝后，湿润纸面，揭纸，拨正斜块→凝结后，擦洗陶瓷锦砖表面。

4. 板材类装饰

（1）板材的种类

板材的种类有天然大理石、花岗石、青石板、人造石等。大理石是变质岩，宜用于室内饰面。花岗石是火成岩，抗酸碱、抗风化、耐用期可达100～200年。青石是水成岩，片状、松散、成风化状，山野风化特色。还有就是一些人造的预制板材，如混凝土板、钢板等。板材的厚度一般为20～40mm。

（2）饰面板的安装

贴——小规格板材（边长小于400mm，厚度10mm），与面砖铺贴方法基本相同。

挂——大规格板材（边长500～2000mm），亦有绑扎法、干挂法。

绑扎法：当板较薄时，用金属丝绑扎固定板边的粘贴方法。

构造工艺的要点：1）焊接或绑扎钢筋骨架。2）板材侧面钻孔打眼，牛鼻孔、斜孔。3）绑扎安装：将金属丝穿入孔内，将板就位，自下而上安装，将金属丝绑在横筋上。4）灌浆：分层灌注（整体性）。5）水泥色浆嵌缝，边嵌边擦干（图3-73）。

干挂法：干挂法是利用专门的卡件，将石材固定在墙面上的方法。这种方法没有水泥等湿作业，且石材与墙面之间有一定的空隙。这种方法有很多优点，比如说较绑扎法平整光洁，因为没有湿作业，也就不会有水渍产生等，是现在应用最为广泛的一种方法。

构造工艺的要点是：1）在墙基上预埋铁件，焊接龙骨。2）板材侧面开槽，槽的形势与所选用卡件相对应。3）将卡件固定在龙骨上，然后将板材就位，调平后固定即可（图3-74～图3-76）。

（3）细部构造

板材交接部的细部构造最显著技术难度，主要体现在水平接缝、凹凸错缝、阴阳角的接缝等处（图3-77、图3-78）。

5. 清水墙装饰

墙体筑成之后，墙面不加其他覆盖性装饰面层，只利用原结构表面进行勾缝或模纹处理。

清水墙装饰有清水混凝土、清水砖墙等（图3-79、图3-80）。

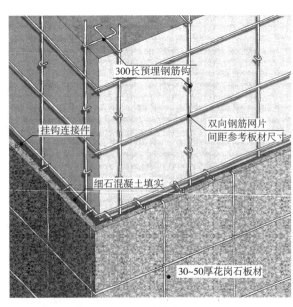

图3-73 挂贴法外墙面板材装饰

● 图 3-74　干刮法的石材准备

● 图 3-75　干刮法的构件及安装

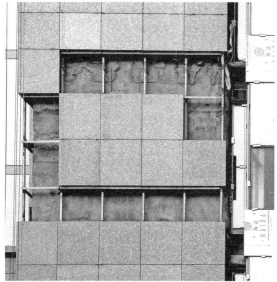

● 图 3-76　干挂石材的施工过程

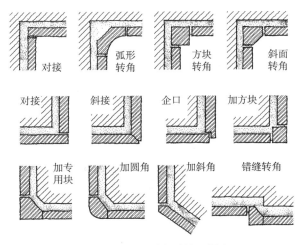

● 图 3-77　板材饰面转角处的接缝处理举例

● 图 3-79　富于雕塑感的清水砖外墙面

● 图 3-80　富于雕塑感的清水混凝土外墙面

● 图 3-78　银色的铝板幕墙与石材幕墙相结合

6. 特种墙面装饰

墙面装饰还有很多种形式无法用以上这几种形式来概括，而这些形式又多是极富创意的、非传统的，观之令人耳目一新……（图 3-81 ~ 图 3-83）。

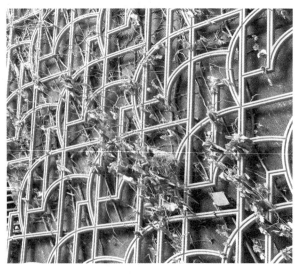

● 图 3-81　金属外墙装饰——有利于植物生长的处理

图 3-82 金属外墙装饰——写意的线条

图 3-83 金属外墙装饰——强化立体的雕塑感

3.6 内墙面装饰

3.6.1 内墙面装饰的功能及分类

内墙面装饰的功能是保护墙体，保证室内使用条件，易于清洁，还有反光功能、反射声波和吸声的功能、保温隔热的功能，装饰室内（质感、色彩、线形）等。

内墙面装饰根据其所采用面层材料的特性，可分为涂刷类、贴面类、罩面板类、卷材类等几类。

3.6.2 内墙面装饰做法

内墙面装饰在构造层次上与外墙面是类似的，只是工艺、尺度要更为细腻些，选材要更为注意人的直接触感……

1. 抹灰类装饰

抹灰类装饰构造层次与外墙面装饰相似，只是内墙不需要留很宽的灰缝，并且面层一般还要做较为细腻、柔和的涂刷。主要的材料有纸筋石灰、大白粉以及各种涂料、内墙漆。作为现代室内的装饰，有很多成品线脚与花饰可供选择粘贴，以丰富墙面的立体效果。

因为是人们日常活动中经常会碰触到的部分，墙角（阳角）一般要采取一定的保护措施，以防止因过度碰触而造成破坏。通常的保护方法有增强墙角部分的抹灰强度和附加明露的护角两种。增强抹灰强度是在抹灰前在墙角上先做暗的水泥或金属护角条，最后再做面层粉刷抹平，并且如果将墙角做成圆角或斜角也会有利于墙角的保护。护角通常采用不锈钢、黄铜、铝合金或橡胶等材料（图 3-84）。

抹灰装饰的墙面为了有更好的视觉和触觉感受，通常在表面再涂刷墙面涂料。采用的涂料根据状态的不同，可划分为溶剂型涂料、水活性涂料、乳液型涂料和粉末涂料等几类。根据装饰质感的不同，建筑涂料可划分为薄质涂料、厚质涂料和复层涂料等几类。涂刷方法也有喷涂、滚涂、刷涂等几种（图 3-85、图 3-86）。

2. 贴面类装饰

内墙面的贴面装饰与外墙面的做法及选材基本一致，只是部分问题有些区别。比如北方的外墙面砖要选择吸水率低、可以防冻的，而内墙面砖则无需考虑防冻的问题。再有因为内墙面的观看视距较短，因此质量要求会较外墙面高（图 3-87、图 3-88）。

3. 罩面板装饰

罩面板装饰就是用较大的板材罩覆在原有墙体表面的墙面装饰方法。常用的面层材料有胶合板、细木工板（夹板）、石膏板、天然石材、钢板、塑料板、镜面玻璃等。选用不同的面材，可以满足不同的视觉、触觉及一定的物理性能要求，如声学要求。

罩面板装饰基本由龙骨及面材两部分构成。龙骨可以选用木龙骨、型钢龙骨或铝复合型材龙骨等。龙骨的选用一般要综合考虑室内的温、湿度及面材

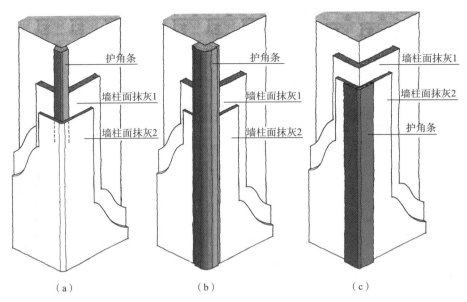

- 图 3-84 内墙、柱，阳角的护角，墙、柱护角
  (a) 暗的水泥或金属护角——抹灰前在墙角上先做暗的水泥或金属护角条，最后再用粉刷抹平；(b) 直接外露的水泥或金属护角；(c) 外包式护角——在完成抹灰的墙角上做明露的金属、橡胶、木材等的护角

- 图 3-85 色彩自由的涂刷类墙面

- 图 3-86 卵石装饰的墙面。其构造原理与抹灰装饰相似，只是在表层粘结彩色卵石即可

的重量等因素。在龙骨施工前，基础墙面要采取防潮措施（防止龙骨及板材因受潮而翘曲、霉变），通常可以采用防潮砂浆粉刷或涂刷防水涂料（图3-89～图3-91）。

面层板材的接缝处是需要注意的，通常的板缝处理方法有斜接密缝、平接留缝、压条盖缝（图3-92）。

4．卷材类装饰

卷材类装饰就是以裱糊的方式用各种柔性材料装饰墙面的方法。主要的柔性面材指的是墙纸（纸基、塑料、软木面层等）、织物（锦缎、麻毛、棉纱

图 3-87 石材墙体饰面（卢浮宫）

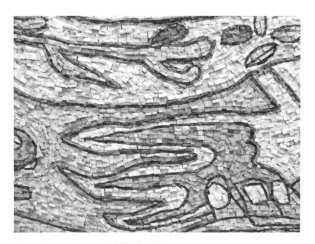

图 3-88 碎石陶瓷锦砖彩色壁画墙面

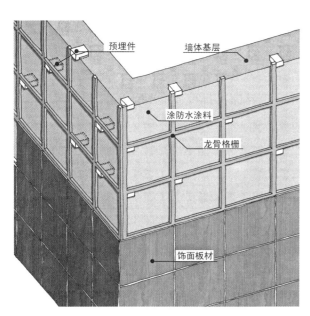

图 3-89 罩面板装饰。注意龙骨的平直、稳固，及其与墙体的连接固定

图 3-90 木板条装饰的墙面及顶棚。除了可以达到装饰效果，还可以改善空间的声环境

图 3-91 打孔钢板装饰的墙面

等）、微薄木（圆木卷切，厚1mm，柚木、水曲柳、桃心木等）等。

这种装饰做法的优点是墙面色彩、花纹、图案丰富，有良好的触感及声学效果。并且因为是柔性面材，可适用于曲面，转角处可连续裱糊，整体性好。

裱糊的基本工序是：基层处理→弹垂直线→裁纸→封底漆→刷胶→裱糊→饰面清理。

裱糊的基本工序及技术措施：

（1）基层处理：壁纸基层是决定壁纸粘结质量的重要因素，对于墙面基层要采用腻子将墙面找平，避免凸凹、疏松、起皮、掉粉现象。特别注意墙面的阴阳角顺直、方正，表面用砂纸打毛。

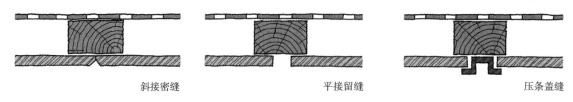

斜接密缝　　　　　　　　平接留缝　　　　　　　　压条盖缝

● 图3-92　罩面板装饰常见的板缝处理方式——斜接密缝、平接留缝、压条盖缝

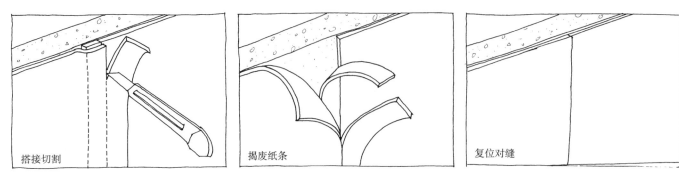

搭接切割　　　　　　　　揭废纸条　　　　　　　　复位对缝

● 图3-93　卷材搭接法裱糊工艺

（2）基层弹垂直线：根据壁纸的规格在墙面上弹出控制线作为壁纸裱糊的依据，并且可以控制壁纸的拼花接茬部位，花纹、图案、线条纵横贯通。要求每一面墙都要进行弹线，在有窗口的墙面弹出中线和在窗台近5cm处弹出垂直线以保证窗间墙壁纸的对称，弹线至踢脚线上口边缘处；在墙面的上面以挂镜线为准，无挂镜线时应弹出水平线。

（3）裁纸：裁纸前要对所需用的壁纸进行统筹规划和编号，根据壁纸裱糊的高度，预留出10～30mm的余量，壁纸边应整齐，不能有毛刺，平放保存。

（4）封底漆：贴壁纸前在墙面基层上刷一遍专用底漆或清油，可以保证墙面基层不返潮，或因壁纸吸收胶液中的水分而产生变形。

（5）刷胶：壁纸背面和墙面都应均匀涂刷胶粘剂，墙面刷胶宽度应比壁纸宽50mm，墙面阴角处应增刷1～2遍胶粘剂。

（6）裱糊：裱糊壁纸时，首先要垂直，后对花纹拼缝，再用刮板用力抹压平整。一般从墙面所弹垂直线开始至阴角处收口。顺序是选择近窗台角落背光处依次裱糊，可以避免接缝处出现阴影。无花纹、图案的壁纸可采用搭接法裱糊，相邻两幅间可拼缝重叠30mm左右，在重叠部分切断，撕下小条壁纸，实现紧密对缝（图3-93）。

（7）饰面清理：表面的胶水、斑污要及时擦干净，各种翘角翘边应进行补胶，并压实，有气泡处可先用注射针头排气，同时注入胶液，再压实。如表面有皱折时，可趁胶液不干时用湿毛巾轻拭纸面，使之湿润，舒展后壁纸轻刮，滚压赶平。

第4章 建筑的楼板层与地面

4.1 楼板、地面

楼板是多层和高层建筑的水平承重部分，是人们活动的场所、平台。它要能够承受家具、设施等的重量（静荷载）和在其上活动的人的重量（动荷载），并将这些重量（荷载）传递到竖向支撑结构上。

地面包括楼层地面和底层地面，是直接与人接触的水平结构的面层。

4.1.1 楼地面的基本构造

室内地面一般都包含三个基本层次：基层（结构层）、垫层、面层（图4-1）。

（1）基层：地面的垫层多为混凝土或夯实土，楼板层的基层为钢筋混凝土楼板或木楼板等，这里的基层指的就是结构层。

（2）面层：是使用者直接接触的表面，无论是材质选择还是色彩、图案的确定，都是装饰设计的重点。具体做法与相关要求可参见本章后面的相关部分。

（3）垫层：位于面层和垫层之间，起结合、隔声、找坡的作用。根据所采用的材料的不同，分刚性垫层（不产生塑性变形，多为C10以上混凝土）和非刚性垫层（砂、碎石）两种。

4.1.2 楼地面的结构——钢筋混凝土梁、板

作为水平承重构件，楼板是直接有用的部分，但当空间较大或某些特定条件下，单一的楼板不能满足要求时，就需要增加梁的支撑。

梁板结构的基本体系是这样的：在室内活动的人们、室内的家具设备等荷载传递到楼板，再由楼板传递到梁，再传递到墙柱等竖向承重体系……现在绝大多数建筑都是采用梁板结构体系，并且我国的传统木结构建筑也是建立在梁板体系基础上的。

梁、板根据施工工艺的不同可以分为预制和现浇两类。所谓预制钢筋混凝土梁板就是按照一定的标准、规格在工厂批量生产出预制梁和预制楼板，再运到现场进行组装。而现浇钢筋混凝土梁板，是在建筑现场作业，包括绑扎钢筋、调配混凝土、绑扎模板、浇筑混凝土、现场养护、拆模等工序。

二者相比较，各有优缺点，预制钢筋混凝土梁板最大的优点是生产效率高，现场湿作业少，适合大机械作业的工业化要求。但其致命的弱点是整体性差，不利于抗震，并且因为构件的雷同，造成建筑缺乏个性。相对于预制化生产，现浇钢筋混凝土

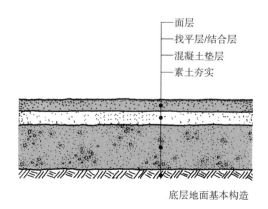

底层地面基本构造

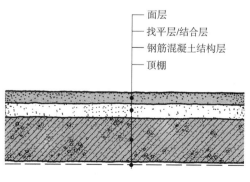

楼层地面基本构造

● 图4-1 底层地面、楼层地面的基本构造

梁板虽然施工效率相对较低，但因其整体性好，节省有效建筑空间，建筑造型相对自由等优点，是现在建筑业主要采用的形式（图4-2～图4-4）。

现浇楼板可分为有梁体系和无梁体系两类（图4-5、图4-6）。

1. 现浇楼板

（1）单向板：楼板长边与短边之比大于2，长边受力，现浇板厚度为跨度的1/40～1/30，且不小于60mm。受力钢筋分布在板的下部。单向板的经济跨度为1.5～3m。

（2）双向板：楼板长边与短边之比不大于2，也就是更接近方形，双向受力，板的厚度要求同上；受力钢筋分布在板的下部。

（3）悬臂板：雨篷阳台等部位的楼板，受力钢

● 图4-4　弧形独立钢筋混凝土墙的模板支护

● 图4-2　传统的木结构建筑楼板多采用梁板体系

● 图4-3　完成钢筋绑扎、模板支护后，可以进行混凝土的浇筑

● 图4-5　小空间的无梁楼板

筋应摆在板的上部。板厚为1/12挑出尺寸，且根部不小于70mm。

2. 现浇梁

（1）单向梁（简支梁）：高跨比1/12-1/10（梁高与跨度之比），宽高比1/3-1/2（梁的宽度与高度之比），主梁经济跨度为5～8m，次梁经济跨度为

图 4-6 大空间无梁楼板的施工现场，在圆形柱帽上可以直接浇筑楼板，这样可以增加空间的有效高度

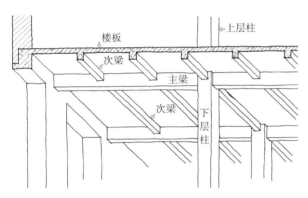

图 4-7 双向梁，主次梁体系

图 4-8 井字梁（主、次梁等高），适用于较大空间、较对称的平面（即接近正方形或圆形）

4~6m。

（2）双向梁（主次梁）：又称肋形楼盖。板支在次梁上，次梁支在主梁上，主梁支在墙、柱上。次梁的高跨比 1/15-1/10，主梁高跨比 1/12-1/8，宽高比 1/3-1/2。主梁经济跨度 5~8m（图 4-7）。

（3）井字梁：是肋形楼盖的一种，主、次梁高度相等。一般用于接近正方形的平面，可形成较大空间（图 4-8）。

4.1.3 楼地面面层的功能

1. 保护支撑结构
2. 正常使用功能要求

（1）隔声要求：防止或减少噪声通过楼板的传播，主要需要隔离的是空气传声和固体传声两种。

（2）吸声要求：防止和减少物体与地面碰撞产生噪声，以及声音在地面的过度反射，以改善室内的声环境。较好的办法是软化地面介质，如采用地板或地毯等。

（3）防水、防潮要求：主要是防止上层地面的积水通过楼板到达下层空间或存留在结构层中，造成影响美观、破坏结构。通常我们可以在面层采用密实、防水的材料，如天然石材、地砖、水磨石等。

（4）热工要求：防止和减少通过楼板的不必要的热传递，增加空间内的热舒适度。比如居室地面的热舒适度要求比较高，改善的办法很多，比如可以采用木地面代替石材地面，这样不仅可以提高热舒适度，还可以提供舒适的触感。

（5）弹性要求：某些特定的空间，如舞台、篮球等运动场等，人们会在其上进行较剧烈的跳跃运动。这就要求地面有较大的弹性变形能力，以减轻对运动员可能造成的伤害。在这些场地通常会采用弹性木地面等。另外某些较高标准的起居空间，也会考虑增加地面的弹性，以增加舒适度。比如可以采用架空式的木地面、铺设地毯或弹性地胶。

3. 美观要求

4.1.4 楼地面面层的分类

楼地面按面层材料的不同可分为：水泥地面、

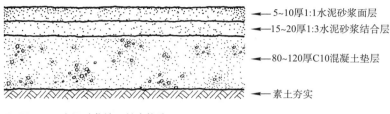

图 4-9 水泥砂浆地面基本构造

水磨石地面、天然石地面等。

楼地面按构造方法、施工工艺特点的不同可分为：整体地面、块料地面、木地面、人造软制品地面等。

4.2 楼地面的装饰构造

4.2.1 整体式楼地面

1. 水泥砂浆楼地面

属于现浇地面。通常有两种做法。标准较高的双层做法，先做一道15~20mm厚的1：3水泥砂浆结合层，然后做5~10mm厚的1：1.5~1：2的水泥砂浆抹面。标准较低的单层做法是只一层15~20mm厚的1：2.5水泥砂浆面层，不做结合层（图4-9）。

与这类地面性质相类似的还有细石混凝土楼地面、彩色水泥砂浆楼地面、彩色耐磨混凝土楼地面等。

彩色耐磨混凝土楼地面面层比较适用于车道、站台、车库等耐磨要求较高的地方，以及装饰性楼地面和庭院道路等强调装饰效果的地方。这种面层在浇筑混凝土时，表面要加入强化剂、着色剂、密封剂等添加剂，并用专用设备进行打磨、压光、压纹等处理，使之形成高强、致密、美观的面层效果。

2. 现浇水磨石楼地面

（1）现浇水磨石地面是将天然碎石料用水泥浆拌合后，抹浇、结硬后再磨光打蜡形成的地面。

现浇水磨石地面的构造通常分两层——底层是用12~20mm厚1：3~1：4水泥砂浆找平打底。面层是85%的石屑和15%的水泥浆的拌合物（不得掺砂，否则容易出现孔隙），当石屑的粒径是4~12mm时，面层厚度为10~15mm，随粒径增加，面层厚度须相应增加（图4-10）。

（2）现浇美术水磨石地面就是有拼花图案的现浇水磨石地面。不同的色彩是由彩色水泥加大理石屑制成的。不同的色彩分区是利用金属或木的嵌条形成的（图4-11）。

（3）现浇水磨石地面有厚度小、自重轻、分块自由、造价低等优点。缺点是由于需要现场浇筑和打磨，导致现场工期长、劳动量大。

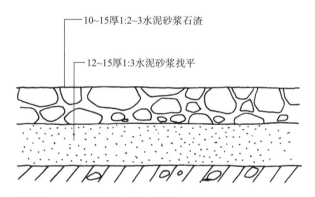

图 4-10 现浇水磨石地面构造

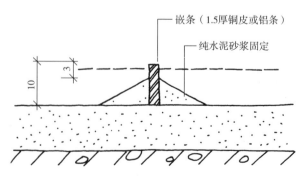

图 4-11 现浇水磨石地面嵌条做法

3. 整体树脂类面层楼地面

这是一种较新型的楼地面面层形式，它具有整体性好、清洁度高（不起尘）、耐磨等优点。这类面层对基层的平整度要求较高，通常的水泥砂浆面层要经过打磨、刮腻子等工序后，才可涂刷面层材料。

这类面层常见的有丙烯酸涂料、环氧涂料、聚氨酯彩色涂料、自流平环氧胶泥、自流平环氧砂浆等。

4.2.2 板、块料地面

陶瓷锦砖地面、陶瓷地面砖地面、预制板、块地面、花岗石地面、大理石地面、活动地板等都是我们这里所指的板、块材料地面。

做法是用胶结材料将预加工好的板、块状地面材料，以铺砌或粘贴的方式，使之与基层连接固定形成地面。属刚性地面，弹性、保温、消声等性能较差，但耐磨、易清洁，适用于人流量较大的公共场所。这类地面施工前要先放线，以保证铺砌平直。

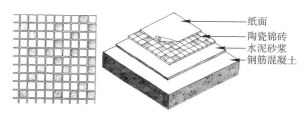

● 图 4-12 陶瓷锦砖地面铺装构造

1. 陶瓷锦砖地面

陶瓷锦砖又称马赛克，每块（15～39）mm×（15～39）mm，厚5mm，块间留缝隙。底层做15～20mm厚1:3～1:4水泥砂浆垫层，上铺陶瓷锦砖，用滚筒压平，并使水泥砂浆挤入缝隙，使陶瓷锦砖粘结牢固（图4-12）。

2. 陶瓷地面砖和预制板、块地面

当预制板、块大而厚时：板下干铺一层20～40mm厚砂子，摆砖校正平整后，砂浆添缝即可（图4-13、图4-14）。

当预制板、块小而薄或是地砖时，通常就有两

● 图 4-13 紫禁城乾清宫室内的"金砖墁地"。"金砖"是一种黏土砖。胚土选淘繁复，烧制精良，烧成后浸以生桐油，光亮鉴人，不涩不滑

● 图 4-14 陶瓷砖地面。可以做较自由的拼饰

种做法。一种是用 12 ~ 20mm 厚 1 : 3 水泥砂浆胶结在基层上，然后用 1 : 1 水泥砂浆嵌缝。另一种是用 20 ~ 30mm 厚干硬性水泥砂浆平铺于基层上，摆砖校正平整后，将砖取下，砖下撒素水泥浆一道，将砖复位，用胶锤捣实即可。

3. 花岗石地面

花岗石是天然石材，切割自由。成材通常有板材和块材两大类，铺砌方法可以参考预制板块的铺砌（图 4-15）。

4. 活动地板

活动地板又叫"装配式地板"，是由不同规格、型号和材质的面板、龙骨、支架等组合拼装而成的架空地面。架空空间内可铺设各种管线（图 4-16、图 4-17）。

适用于仪表控制室、计算机房、变电控制室等房间的地面。

4.2.3 木地面

木质地面具有良好的弹性、蓄热性和触感。常用的有条木地面、硬木拼花地面等。条木地板应顺房间采光方向铺设，以减少光影（图 4-18）。

木质地面按构造方式分：架空式木地面、实铺式木地面（格栅式和粘贴式）、弹性木地面。

1. 实铺式木地面

实铺式木地面要求地面结构层是有一定防潮能力的（如钢筋混凝土）。实铺式木地面通常有格栅式和粘贴式两种构造方法。

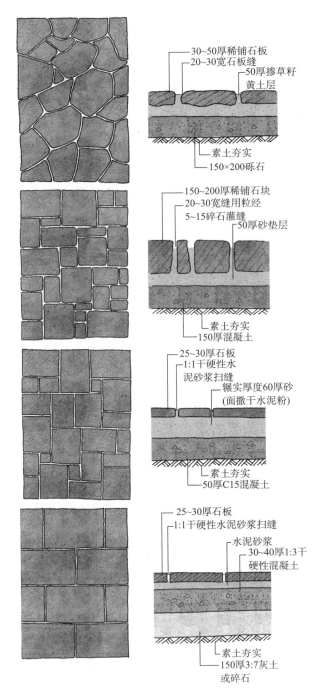

● 图 4-15 花岗石地面的拼砌构造

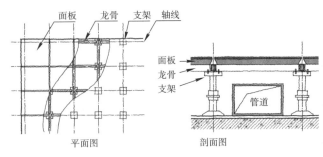

● 图 4-16 活动地板的基本构造

格栅式实铺式木地面根据装修标准的不同，有单层做法和双层做法两种（图4-19、图4-20）。格栅式实铺式木地面的做法特别适用于条木地板，如果是小块料的硬木拼花地板要采用格栅式铺装就只能采用双层做法了。

粘贴式的一般构造做法是先在楼板上做好找平层（有防水要求），然后用粘结材料直接将地板粘贴在其上即可。这种方法对找平层的要求很高，尤其是条木地板。而小块料的硬木拼花地板对平整度的要求就好商量一些（图4-21～图4-23）。

这种构造方法可以节约木材30%～50%，而且结构高度小，可以节约室内净空高度，因此经济性好。但是弹性差、维修困难是它的主要缺点。

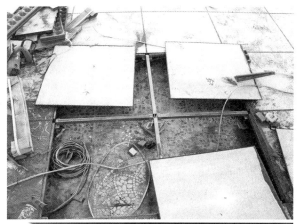

图4-17 活动地板及支架实物

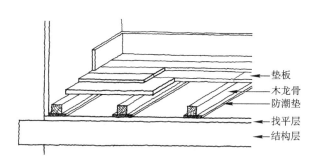

图4-19 格栅式实铺木地面——双层做法构造

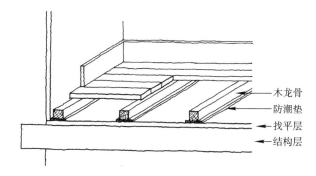

图4-20 格栅式实铺木地面——单层做法构造

图4-18 条木地板地面

格栅式实铺式木地面的构造程序是：基层找平→防潮处理（涂油漆、热沥青或放置防潮垫）→钉木格栅（截面50mm×50mm，中距400mm）→铺装地板面层。铺装时地板与墙面间要留10～20mm的空隙，以保证地面不会因地板的膨胀（受热或受潮）而拱起。

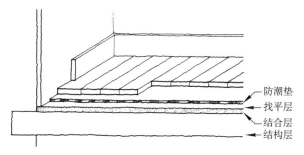

图4-21 粘贴式实铺木地面构造

● 图 4-22　粘贴式木地面

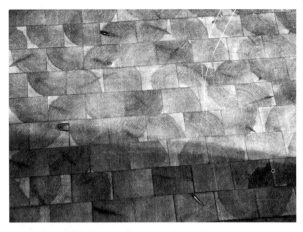

● 图 4-23　实铺木砖地面

2. 架空式木地面

架空式木地面是指支撑木地面的格栅架空搁置，下面有足够的空间便于通风，以保持干燥，防止格栅及地板因腐烂而损坏。这种方式特别适用于易受潮湿影响的地面（图 4-24～图 4-26）。

所用格栅多为 $(50\sim60)mm\times(100\sim200)mm$ 的木方，中距 400mm，需进行防腐处理。然后在格栅上铺钉条木地板。这种木地面的弹性和脚触感都很好，可以有效防潮。但是其隔声效果差，且自身也容易产生噪声，并且防火要求较高的空间更不应该使用这种地面。

3. 弹性木地面

对地面弹性有较高要求的空间场所，如一些比赛场地、舞蹈杂技排练厅和舞台等，需要地面有较大的弹性变形能力，以缓冲因剧烈跳跃而产生的冲击，从而保护在其上活动的人员不受伤害。地面弹性的实现方式通常有衬垫式和弓式两类。

衬垫是用橡胶等弹性材料做成的垫块，垫在地板的龙骨下面，使地板有较大的弹性空间。但是时间长了垫块会因疲劳而失去应有的弹性变形能力。如果用钢弓或木弓代替垫块，尤其是钢弓，其弹性空间更大，弹性效果更好，也更持久、稳定、安全（图 4-27）。

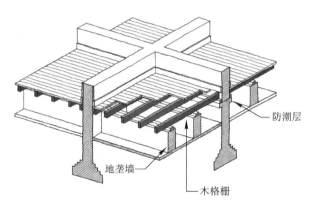

● 图 4-24　架空式首层木地板

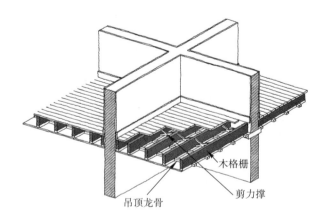

● 图 4-25　架空式楼层地面

图 4-26 历史建筑中的架空式木楼板

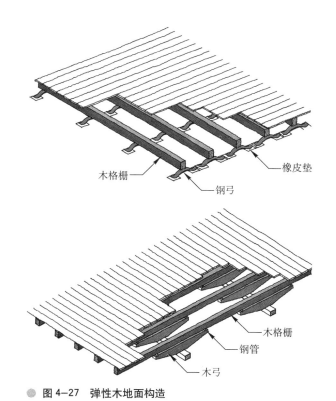

图 4-27 弹性木地面构造

第5章 屋顶和顶棚

5.1 屋顶概述

屋顶是建筑的基本组成元素，是建筑物区别于其他构筑物的一项最基本要素。屋顶既是建筑的结构体又是建筑的维护体，屋顶要承受重量（包括屋顶的自重、雨雪以及人的活动等不确定的荷载），又要很好地实现保温、隔热、防水的作用，同时作为建筑造型构图的一部分，屋顶也要与整体建筑造型协调美观。

屋顶技术的发展，直接决定了建筑空间的规模以及内部空间的形态特性，同时被程式化了的屋顶形式也是各种建筑风格的重要特征元素之一（图5-1～图5-4）。

根据屋顶的坡度和形态的不同，常见的屋顶可以分为三种类型，但是不论哪种屋顶，为了顺利地排走雨水，都要通过结构或者构造的方法，形成一定的坡度。

● 图5-1 中国传统建筑的坡屋顶，已成为中国式建筑的象征符号之一

5.1.1 坡度的表示法

（1）坡度（$i=$高度尺寸/水平尺寸×100%），如 $i=5\%$。

● 图5-2 穹顶构造剖面示意图

● 图5-3 文艺复兴的穹顶、文艺复兴开始的标志——佛罗伦萨大教堂穹顶

图 5-4 典型的哥特式屋顶与飞扶壁——巴黎圣母院

（2）角度：屋面与水平线的夹角，如 $\alpha=22°15'$、$45°$。

（3）高跨比（高度尺寸/跨度），如 1/4。

5.1.2 屋顶的分类

屋顶的形式丰富多样，尤其是现代的建筑，屋顶的形式更是自由多变。但是为了便于学习与了解，习惯上我们常常将屋顶分为三类。

（1）平屋顶：屋面坡度 2%～5%。

（2）坡屋顶：屋面坡度 10%～100%。

（3）其他类型：其实屋顶还有很多的形式，比如说穹顶、拱形屋顶、折板屋顶、悬索屋顶、薄壳屋顶、充气屋顶等（图 5-5～图 5-7）。但这些屋顶差异主要是承重结构系统，而屋面构造却逃不出平屋顶和坡屋顶两种基本形式，因此本章将详细介绍这两种屋顶。

5.2 平屋顶

原始的平屋顶主要存在于干旱地区，如西北高原或是荒漠等地区，因为这些地区的屋顶防水、排水功能已经不再重要（图 5-8）。随着现代建筑的

图 5-5 由悬索结构支撑的膜结构屋顶，它的最大的特点就是：结构轻巧、施工快捷、可以形成很大的内部空间

图 5-6 充气结构的屋顶

图 5-7 拱壳结构的屋顶

图 5-8 历史上，平屋顶只能出现在干旱地区的建筑上，因为当时平屋顶的防水是一项难题

出现和现代防水技术的不断发展，平屋顶因其简洁的形态和经济的造价，已经广泛地应用于各个地区的各种建筑，成为当代最主要的屋顶形式之一（图5-9）。

5.2.1 平屋顶应考虑的主要因素

（1）屋顶上是否会有人的经常性活动，决定着屋顶的承载能力和面层材料的要求。

（2）建筑所处的地区的气候，决定着屋顶需要的是保温还是通风散热。

（3）屋面降水的排除。

（4）屋顶所处的房间的湿度大小，决定是否加设隔蒸汽层。

5.2.2 平屋顶的主要构造层与相应的材料选择

承重层：是屋顶的主要结构部分，支撑着屋顶的存在。现在常用钢筋混凝土现浇板。

保温层：通过保温材料减少室内外的热量通过屋顶的传递。北方地区常用保温材料有加气混凝土、聚苯乙烯泡沫塑料板和膨胀蛭石等。

防水层：防止屋顶上的积水渗入保温层和室内。有柔性防水和刚性防水两种方式。柔性防水指利用卷材或防水涂料实现防水，如SBS改性沥青弹性卷材，APP弹性卷材，SBS改性沥青防水涂料，合成高分子防水涂料等。刚性防水指使用防水混凝土防水。

混凝土如果没有裂缝就会具有很强的防水能力，因此混凝土刚性防水层的构造关键就是防止裂缝的产生。常见的做法有：（1）在细石混凝土中添加防水剂。（2）在做法（1）的基础上，再在混凝土中配置钢筋网，提高抗裂性。（3）还可以在做法（2）的基础上再在拌合混凝土时加入一定比例的钢纤维，进一步增强混凝土的抗裂能力。

找平层：将粗糙、凸凹的表面处理平整，防止积水的产生和对卷材的破坏。常采用的是水泥砂浆或细石混凝土，大面积的找平层宜设分隔缝，以防止因热胀冷缩引起破坏。

找坡层：利用一定的填充材料，使屋顶产生一定的排水坡度。一般采用粉煤灰、浮石或焦渣。也有将保温层兼作找坡层的，但最薄处不得少于

图5-9 现代建筑，平屋顶之所以可以大量的应用，各种防水技术的发展可以说是主要原因之一

100mm。

隔气层：丹东—北京一线以北，当室内空气湿度大于75%，或室内空气湿度常年大于80%时，保温屋面应设置隔气层，可以防止水蒸气在通过屋顶向室外渗透的过程中在保温层内形成凝结水，确保保温效果。隔气层一般是使用防水涂料，较高标准是用防水卷材。

5.2.3 柔性防水屋面的基本构造层次

柔性防水屋面的基本构造层次如表5-1所示。

柔性防水屋面的基本构造层次　　表5-1

	不上人屋面	不上人有隔气层屋面	上人屋面	上人有隔气层屋面
面层			◎	◎
保护层	◎	◎		
隔离层			◎	◎
防水层	◎	◎	◎	◎
找平层	◎	◎	◎	◎
保温层	◎	◎	◎	◎
找坡层	◎	◎	◎	◎
隔气层		◎		◎
找平层		◎		◎
承重层	◎	◎	◎	◎

5.2.4 平屋顶屋面水的排除

平屋面的檐部处理方式有很多，但最基本的可以分为挑檐和女儿墙两大类，如图5-10～图5-13所示。

平屋面的排水方式主要有两种：有组织排水和无组织排水。

无组织排水主要是指挑檐屋面的排水方式，屋面雨水沿挑檐向屋面外自由排放。有组织排水主要是女儿墙屋面采用的排水方式，由于女儿墙的存在，雨水不能自由排出，须经过屋面坡度的组织排向特定的雨水口。根据雨水口所在位置的不同，有组织排水又可分为有组织外排水和有组织内排水（图5-14、图5-15）。

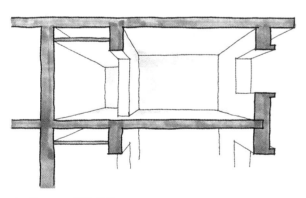

● 图5-10　挑檐结构平屋顶

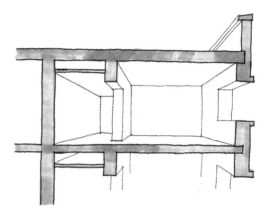

● 图5-12　女儿墙结构平屋顶

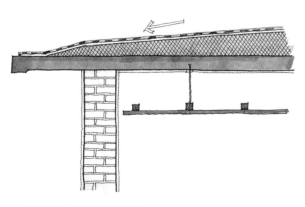

● 图5-11　挑檐细部构造图

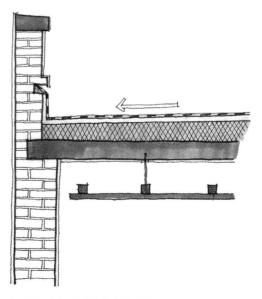

● 图5-13　女儿墙细部构造图

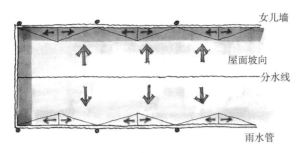

● 图5-14 有组织外排水屋面图

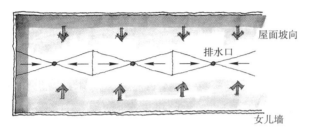

● 图5-15 有组织内排水屋面图

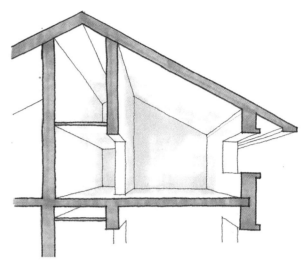

● 图5-16 坡屋顶的基本形态

● 图5-17 可以这样说，坡屋顶是非现代建筑中最常见的一种屋顶形式，地区内的风格一般会比较统一

5.3 坡屋顶

我们把这种屋顶坡度大于1∶7的屋顶叫坡屋顶。雨水排除容易，隔热、保温等效果好。一般来说，降雨量较大的地区的屋顶多为坡屋顶，并且雨量越充沛屋顶坡度越大（图5-16～图5-19）。

5.3.1 坡屋顶的构成

包括两大部分：结构支撑体系和屋面系统。

结构体由屋架、檩条、屋面板构成，是它支撑起了整个底层。

屋面系统由挂瓦条、油毡层、瓦等组成，实现屋顶的维护、保护功能。

5.3.2 坡屋顶的构造层次

1．坡屋顶的结构支撑体系——屋架

屋架的形式以三角形为主，可以采用不同的材料。

（1）木屋架：跨度在15m以内，屋架间距在3m以内，屋架的高跨比为1/4～1/5，常用的木料断面为（120～150）mm×（180～240）mm（图5-20）。

（2）钢木组合屋架：木屋架中拉杆用钢材代替，跨度15-20m，屋架间距4m以内，屋架的高跨比1/4～1/5（图5-21）。

（3）钢筋混凝土组合屋架：由钢筋混凝土与型钢两种材料组成，上弦及受压杆用钢筋混凝土，下弦及受压杆用型钢，跨度15～20m（图5-22）。

屋架结构在实践中应用很广泛，形式也很丰富，还可以反映一定的时代和地域特征（图5-23～图5-27）。此外，出于稳定方面的考虑，每两榀屋架间要做垂直剪刀撑。

2．坡屋顶的屋面构造

（1）檩条：檩条支撑在屋架上弦上，最好放在屋架节点上，间距700～900mm，断面100mm×100mm

图 5-18 屋顶的坡度一般来说会取决于当地的气候特征,东南亚地区雨量极其充沛,因此他们的屋顶很陡峭,以便排水

图 5-19 雨量适中的地区,其屋顶的坡度就可以比较平缓

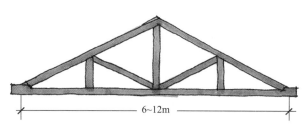

图 5-20 木屋架

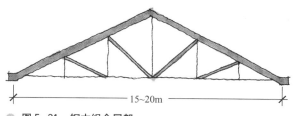

图 5-21 钢木组合屋架

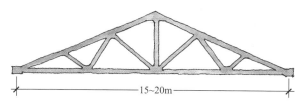

图 5-22 钢筋混凝土屋架

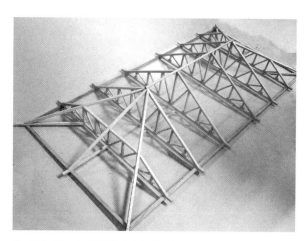

图 5-23 坡屋顶的木屋架结构模型

左右。檩条上铺垂直的椽条，间距500mm，断面50mm×50mm左右。

（2）屋面板：又称望板，厚15～20mm，钉在椽条上。

（3）油毡：铺在望板上，起防水作用。

（4）顺水条：断面20mm×10mm左右，顺水流方向钉在望板上，目的是压住油毡并防止积水的产生，间距400～500mm。

（5）挂瓦条：垂直钉在顺水条上，断面20mm×30mm，间距与瓦的尺寸适应（一般280～330mm），是各种瓦片可以附着在屋面上的依托。

（6）瓦：瓦的种类很多，固定方式也多有不同。常见的有机平瓦、小青瓦、石棉瓦、琉璃瓦、瓦垄薄钢板……（图5-28）。

图5-26 中国古建筑的屋架体系模型（以佛光寺为例）

图5-24 现代建的屋架有时也不一定就是对称的

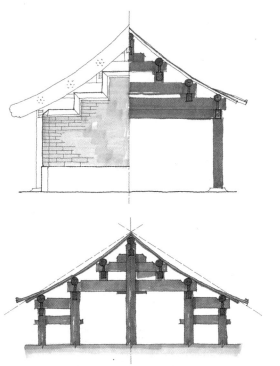

图5-27 中国古建筑的抬梁式屋架体系形成的曲线坡屋面

图5-25 希腊神庙的屋架与屋面的结构构造模型

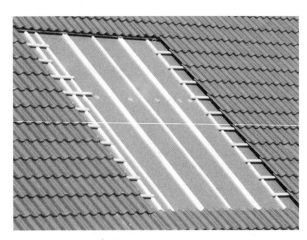

图5-28 瓦屋面的屋面构造（带有顺水条和挂瓦条）

5.4 顶棚的形式

顶棚是室内空间的构成元素，是室内空间中最大的可见单一界面，其形式与功能是我们研究的重点。顶棚的形式是整个房间风格的重要控制因素。顶棚的形式与划分一般要注意与房间的平面布置以及墙面的设计风格相协调。

顶棚的功能主要体现在调节室内的物理环境和设备、管线的布置与隐藏。所谓物理环境主要指的是温、湿度以及声光环境的控制，这些可以通过棚面的选材和变换棚面的空间形式进行调节。例如，如果室内的湿度较大，选择面材就要考虑其防水与耐水的性能。或者某些空间如会议室、影剧院等，要采用一定的吸声材料并对其形态进行必要的设计与计算。现代建筑通常会有许多的设备及管线要布置在顶棚的内部或表面，比如空调管线与通风口、电气管线与照明灯具、消防与自动喷淋系统等。这些除了形式的分布要求外，还有更多的技术方面的考虑，甚至是计算，这里无法详述。

顶棚的形式变化很大，按施工方式分，有直接式顶棚和吊式顶棚两种。

5.4.1 直接式顶棚

一般指的是暴露结构和设备主体，只进行表面涂刷或雕饰，以保护结构和设备、改变界面质感和色彩。这种顶棚多半可以向人们展现优美的屋顶结构或设备。

根据有无设备管线，直接式顶棚通常又可分为以下两类。

第一类是直接暴露结构，而顶棚下又没有设备管线穿过的直接式顶棚。我们见到的这类顶棚多是在比较古老的建筑中（图5-29～图5-34）。

第二类是暴露设备管线的直接式顶棚。现代建筑中会有很多设备管线从棚顶穿过，利用管线进行个性化的装饰，是工业化空间和高技派们惯用的"伎俩"（图5-35、图5-36）。

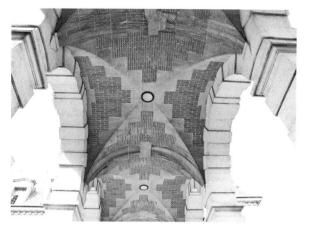

图5-29 在砖石或混凝土结构的棚顶上，我们可以直接地暴露技术精美的结构体

图5-30 中国古建筑中的明袱做法就是一种典型的直接式顶棚

图5-31 在砖石或混凝土结构的棚顶上，可以彩绘或者进行精美的雕饰

● 图 5-32　用陶瓷片装饰过的直接式顶棚——巴塞罗那 ParkGuell 公园

● 图 5-34　巴塞罗那圣家族教堂的直接式顶棚

● 图 5-33　展现钢架屋顶结构的直接式顶棚（《detail》2004-1）

● 图 5-35　展厅的暴露管线的直接式顶棚——巴黎蓬皮杜中心

5.4.2　吊式顶棚

吊式顶棚是将建筑顶棚中原有结构和设备管线进行遮蔽的顶棚装饰方式。它的特点就是可以产生自由多变的顶棚形式，具有较强的隐蔽能力、完美的物理性能和优美的装饰效果。

吊式顶棚的外观形式一般可以分为：平式、复式、浮式、格栅式、发光顶棚及软吊顶等多种。在

● 图 5-36　暴露管线和结构体的直接式顶棚

● 图 5-37　平式吊顶，在吊顶平面上可以进行一定的线脚装饰——柏林犹太纪念馆

实际应用过程中更多的是几种吊顶形式的综合应用。

1. 平式吊顶

所谓平式是指整个顶棚是一个平面，没有额外的高程变化，是一种最为简洁、现代的吊顶形式。

平式吊顶的吊顶平面上，通常会布置灯具、空调通风口或设备检修口等，这些成为平面内的构图与变化元素，可以化解单一平面的单调乏味，增强韵律与变化（图 5-37）。

2. 格栅吊顶

格栅吊顶在内部构造上与平式吊顶极为相似，可以理解为只是将面层换为格栅而已，因此通过格栅我们可以隐约地看到吊顶内部的结构和设备管线，需要特别注意的是吊顶边缘的处理。而格栅通常有木制的和金属的两类，形状上可以是方格形的、也可以是条形的（图 5-38、图 5-39）。

3. 复式吊顶

复式吊顶是相对于平式吊顶而言的。复式吊顶在棚面内有高差起伏、形式或材质的变化。在现实中我们最常用到的就是这种吊顶形式，它可以形成很丰富的空间效果。

复式吊顶的具体形式根据设计要求可以千变万

● 图 5-38　方格状黑色金属格栅吊顶

● 图 5-39　条形金属格栅吊顶

化，不胜枚举。这里简单举几个例子（图5-40、图5-41）。

复式吊顶中有一些模仿结构形态，是一种伪饰的"直接式吊顶"（图5-42）。

4．发光顶棚

发光顶棚实际上是一种模仿采光屋顶的做法，是一种吊顶与照明结合的方式。在一定的范围内，发光顶棚可以产生相对较为均匀的照明效果，给人更加贴近自然的感觉，并且可以有效地弱化可能的眩光现象。

发光顶棚的一般做法就是用透明或半透明的材料（如玻璃、有机玻璃或PC板等）作为吊顶的面层，并在吊顶内安装光源，通过一定的反射、折射和漫射，在室内产生较均匀的人工照明。

发光顶棚可以是整个棚面，也可以是局部的。可以与周围吊顶在同一平面，也可以如复式吊顶般

● 图5-42 模仿结构形态的复式顶棚

造型丰富（图5-43～图5-46）。

5．浮式吊顶

浮式吊顶是近年发展较快的一种吊顶形式，其名称是因其独特的形态特征而来的。这种吊顶的主要特征是它的某些部分似乎悬浮在空中，给人一种轻灵、自由的动感（图5-47～图5-49）。

6．软吊顶

前面提到的各种形式的吊顶，无论是面板还是龙骨采用的都是木材、金属等硬质材料，现在要介绍的软吊顶是相对而言的，采用的主要是纺织物和

● 图5-40 复式顶棚（1）

● 图5-41 复式顶棚（2）

● 图5-43 仿天光的发光顶棚

图 5-44 发光顶棚

图 5-45 平面的发光顶棚

图 5-46 带状发光顶棚——柏林犹太纪念馆

图 5-47 浮式吊顶

图 5-48 结合光源照明的浮式吊顶

一些可变形的有机材料。这些材料轻柔而且富于变形，可以灵活地产生丰富的吊顶效果。这里我们简单地将这类吊顶分为织物吊顶和"植物"吊顶两类。

织物吊顶是利用各种织物作为吊顶面材，可以形成丰富的吊顶形式。这类吊顶具有轻软、飘逸、自由的特点，富于浪漫气息，且工艺简单、施工快捷（图 5-50 ~ 图 5-52）。

"植物"吊顶里的"植物"一词有双重的含义。第一是这种吊顶采用的材料多是天然植物的茎、叶，如芦苇、竹子等。第二种是吊顶在形态上模仿自然生长的植物，可以仿造出更加接近自然状态下的室内空间（图 5-53、图 5-54）。

● 图 5-49 结合采光顶的浮式吊顶——卢浮宫

● 图 5-51 织物吊顶（2）

● 图 5-50 织物吊顶，同时起到遮光的作用（1）

● 图 5-52 织物吊顶（3）

5.5 顶棚的装饰构造

5.5.1 直接式顶棚构造

直接式顶棚的装修构造比较简单，主要有三种方式：第一种是在建筑结构体和设备构件表面喷涂刷各种涂料，可以是单色也可以做成彩绘效果（图5-33、图5-55）；第二种是做成浮雕的效果（图5-31、图5-32、图5-34）；第三种最简单，就是不做任何额外的装饰直接暴露结构体，产生的效果可能很简陋，也可能格外的独特，甚至是辉煌（图5-36）。

● 图5-53 芦苇（也可采用细毛竹）编制的软吊顶

● 图5-54 仿藤架植物的软吊顶

5.5.2 吊式顶棚构造

吊式顶棚基本由吊筋、格栅、面层构成（图5-56）。

吊筋和龙骨组成吊顶的结构体系，龙骨的组织形态决定着吊顶的形态。吊筋将龙骨和建筑结构体连接在一起，确保吊顶的安全与稳定。

主龙骨中距不大于1500mm，次龙骨中距要与面层板材的尺寸相协调，一般在400mm左右。常用的龙骨是木龙骨和轻钢龙骨两种。

吊顶面层常用的是板材，如吸声板、刨花板、胶合板、各种金属板、木板、PVC板、石膏板等。板材与龙骨连接方式，根据板材与龙骨各自的特性通常可以采用钉、粘、吊、卡等方式。比如木龙骨、木板、石膏板等比较适合用钉的方式，轻钢龙骨、

● 图5-55 涂刷类的直接式顶棚

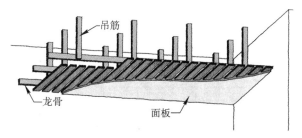

● 图5-56 吊式顶棚的基本构造组成

金属板、PVC板等则惯用卡的方式，而铝复合板则多用粘的方式。

关于材料的选择，通常有两大出发点。第一是视觉效果和心理需求的考虑。第二是物理性能的考虑。比如防火要求较高的室内空间，宜用金属龙骨和金属板、石膏板等防火板材（图5-57~图5-61）。

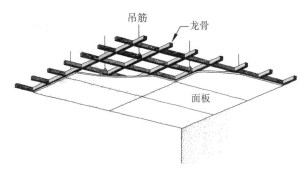

● 图 5-57　板材钉在木龙骨上的吊式顶棚

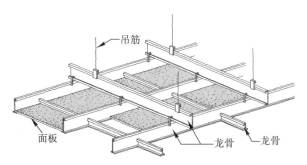

● 图 5-58　板材卡在金属龙骨上的吊式板材顶棚

● 图 5-59　吊式顶棚的施工过程

● 图 5-60　金属吊式顶棚

● 图 5-61　平面的金属吊式顶棚

第6章 建筑的地基与基础

6.1 概述

6.1.1 概念

基础是建筑在地面以下的承重构件，它承受建筑物上部结构传下来的全部荷载，并把这些荷载连同基础本身的重量一起传到地基上（图6-1、图6-2）。

地基则是承受由基础传下的荷载的土层（或岩石）。地基承受建筑物荷载而产生的应力和应变随着土层深度的增加而减小，这是因为土层受力面积随着深度的增加而扩散增大，单位面积的受力自然减小，这种土层的应力和应变在达到一定深度后就可忽略不计了。

地基、基础一旦出现问题就后果严重，并且很难补救。因此必须保证地基、基础有足够的强度和稳定性。

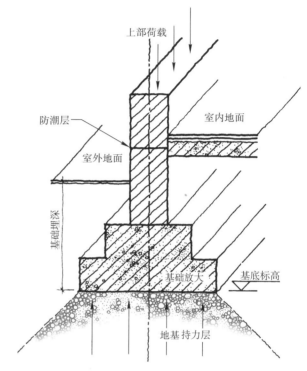

图6-1 基础的基本组成

图6-2 毛石基础。一般来说，基础是隐藏在地下的，而这座滨水建筑的基础同时也是河堤挡土墙，其外露的基础与一般建筑的基础的形态和组成是一致的

6.1.2 地基的一般要求

首先，地基要有足够的承载力，以确保建筑物不能有明显的下陷。

其次，绝对不变形的地基是不存在的，那么我们就会希望地基有比较均匀的压缩量，以保证基础有均衡的下沉。若地基下沉不均匀时，建筑物上部会因此产生开裂变形甚至破坏（图6-3、图6-4）。

如果是坡地建筑，它的地基除了要满足上述要求外，还要防止产生滑坡、倾斜等方面破坏。必要时（特别是基地高差变化较大时）应加设挡土墙，以防止滑坡变形的出现（图6-5）。

6.1.3 天然地基与人工地基

天然地基：天然土层具有足够的承载力，不需要经过人工加固，可直接在其上进行建造的地基称为天然地基。

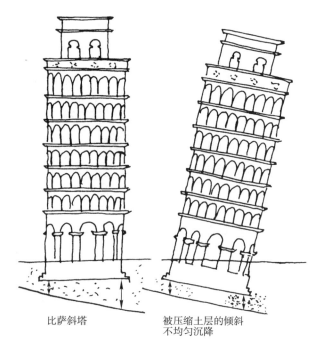

● 图6-4 比萨斜塔是地基不均匀沉降所造成的，其独特的形象却是工程失败的结果

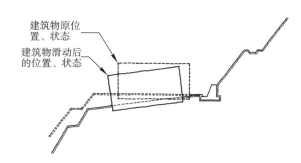

● 图6-5 坡地地基的稳定性不好，可能会出现滑坡或建筑物的倾倒、破坏

人工地基：当土层的承载力较差或上部建筑荷载太大时，为使地基具有足够的承载能力，对地基土层进行加固，加固后的地基称为人工地基。现在绝大部分的建筑地基都是人工地基。

6.2 地基的加固

6.2.1 地基的加固方法

人工地基常用的加固方法有：压实法、换土法、桩基。这些方法可能会同时应用于同一建筑的地基工程中。

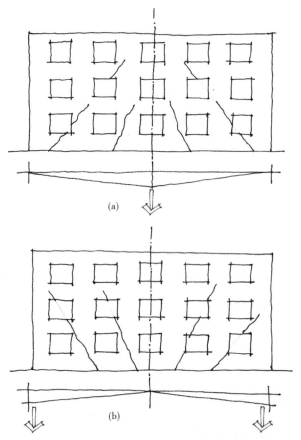

● 图6-3 由于地基不均匀沉降的位置和沉降量的不同，会对建筑造成不一样的破坏 (a) 建筑中部沉降量较大时造成的破坏；(b) 建筑端部沉降量较大时造成的破坏

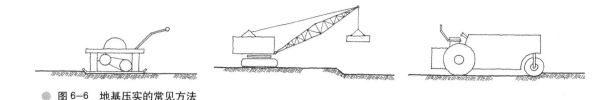

图 6-6 地基压实的常见方法

1. 压实法

压实法根据压实的强度和采用的工具、方法的不同，常用的有重锤夯实法、碾压法和振动夯实法。振动夯实法是利用小型打夯机的振动将地基夯实，简单易行，一个人就可以操作，夯实效果一般。小型的低矮建筑在其地基土质较好的情况下可以采用。重锤夯实法是将大块的金属或钢筋混凝土块（重以吨计）提至高处，自由落下将地基土夯实，适用于地基土质较差或对地基强度要求较高的建筑物的地基中。碾压法是利用大型机械压实地基，大面积的地基适用，如广场、道路的地基工程（图 6-6）。

2. 换土法

当地基中有淤泥、冲填土、杂填土等容易压缩变形的高压缩性土时，应采用换土法。所换土可选用中砂、粗砂、碎石等。换土法是一种有效的地基加固方式，可能是全部或部分地基换土（图 6-7）。

3. 桩基

当建筑物荷载大、层数多、高度高、地基土又较松软时采用。

桩基的承力方式一般有两种：（1）桩端直接支撑在坚固基岩上的端承桩；（2）利用桩壁与周围土层的摩擦传力的摩擦桩（图 6-8）。

根据施工工艺的不同，常见的桩基有以下几种：

（1）支承桩（柱桩）：将预制钢筋混凝土桩，用打桩机打入土层，长度 6～12m 之间，桩端部有钢制桩靴。这种桩基已经很少见了，主要是因为打桩时的噪声过于扰人。

（2）钻孔桩、挖孔桩：工作程序是先打孔→再放钢筋骨架→然后浇混凝土，形成桩基。钻孔直径一般是 300～500mm，桩长不大于 12m，是现在应用较为广泛的一种桩基（图 6-9）。

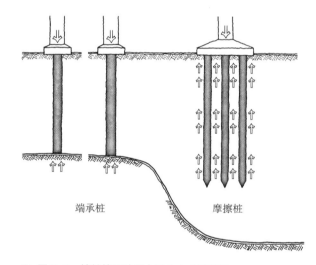

图 6-8 桩基的两种基本承力方式示意图

（3）振动桩：先将钢管打入地下→取出钢管→在形成的桩孔中放钢筋骨架→然后浇筑混凝土。

（4）爆扩桩：先钻出桩孔→在桩孔底部放入炸药→放钢筋骨架→浇筑混凝土→在混凝土凝结前引爆炸药。引爆的作用是将桩端扩大，提高承载力（图 6-10）。

其他类型的桩基还有很多，这里无法详述。

采用桩基时，应在桩顶加做承台梁或承台板，以承托墙、柱（图 6-11）。

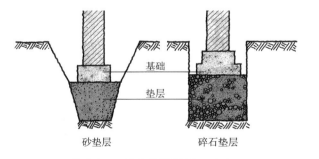

图 6-7 换土法是一种有效的地基加固方式

6.2.2 地基的不均匀沉降

地基的不均匀沉降对建筑的破坏是很严重的，

因此我们必须尽力避免地基不均匀沉降的产生。

解决地基不均匀下沉的方法常见的有：（1）做刚性墙基础；（2）加高基础圈梁；（3）设置沉降缝。

做刚性墙基础和加高基础圈梁这两种方法都是通过增强基础的整体刚度来缓解地基不均匀沉降造成的不良影响的（图6-12）。

设置沉降缝这种方法主要是针对同一建筑的地基承载能力变化较大，或是上部建筑的体量变化较大的情况的。就是在沉降量可能有较大变化的地方，事先在该部位将建筑自上而下地断开，做成沉降缝，允许建筑在该部位自由沉降变形而不会破坏。沉降缝区别于其他变形缝的主要特点就是沉降缝在基础部分也是断开的（图6-13、图6-14）。

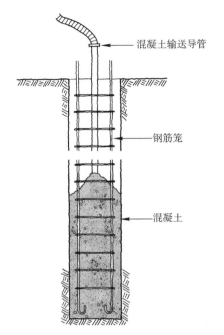

● 图6-9 浇筑桩的施工原理图

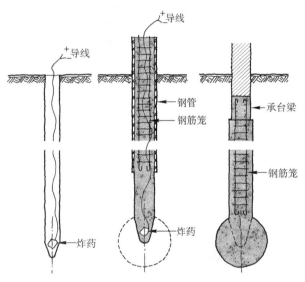

● 图6-10 爆扩桩的施工原理图。钻孔→放炸药→灌混凝土、下钢筋笼→引爆→灌混凝土

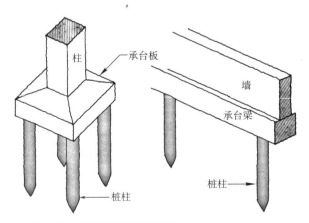

● 图6-11 桩基的工作系统组成

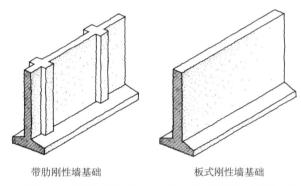

● 图6-12 刚性墙基础和加高的基础圈梁都可以增强建筑的整体刚度，减轻因地基的不均匀沉降而造成的建筑破坏

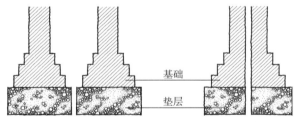

● 图6-13 在可能会发生沉降破坏的部位，事先将建筑自上而下地断开，可以有效避免建筑的破坏

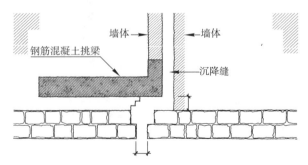

● 图6-14 基础挑梁是沉降缝的一种解决方案

6.2.3 基础的埋深

由室外设计地面到基础底面的垂直距离叫基础的埋置深度。基础的最小埋置深度为0.5m，因为基础埋置过浅，易受外界的影响而破坏。

基础埋深的确定原则：

（1）建筑物的特点及使用性质会影响基础的埋深。比如说有无地下室、基础的形式和构造、作用到地基上的荷载大小和性质（动荷载还是静荷载）等。

（2）地基土的好坏也会影响基础的埋深。很容易理解，如果地基土质较好，基础就可以适当浅埋。

（3）地下水位的影响。基础宜埋置在地下水位以上，以防止地下水对基础的影响与破坏。当地下水位较高，基础不能埋在最高水位以上时，宜将基础底面埋在最低水位下200mm。并采用耐水材料，如混凝土和钢筋混凝土等（图6-15）。

（4）冻结深度的影响：为防止因地基土的冻涨现象，将基础抬升而导致的破坏。基础应埋置在冻土线以下200mm。北京地区冻结深度为0.8～1.0m，沈阳为1.6m，哈尔滨为2m。

（5）相邻建筑物基础的影响。当存在相邻建筑物时，新建建筑物的基础埋深不宜大于原有建筑基础。当埋深大于原有建筑基础时，两建筑基础间应保持一定净距（图6-16）。

6.3 基础的种类

6.3.1 按材料及受力分类基础

可分为刚性基础、柔性基础(柔性指用钢筋混凝土制成的受压和受拉性能均较强的基础)。

1. 刚性基础

这种基础只适合于受压而不适合受弯、拉、剪力，因此基础剖面尺寸必须满足刚性条件要求（刚性角）。一般砌体结构房屋的基础常采用刚性基础。

（1）砖基础——要做阶梯形"大放脚"（图6-17）。

（2）灰土基础——由石灰加黏性土组成。1～3层的建筑基础厚300mm；4～5层的建筑基础厚450mm。

（3）毛石基础——基础厚度不小于1000mm。整体性差，有振动的房屋很少采用（图6-18）。

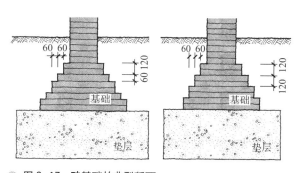

● 图6-17 砖基础的典型断面

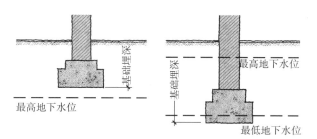

● 图6-15 地下水位与基础埋深的关系

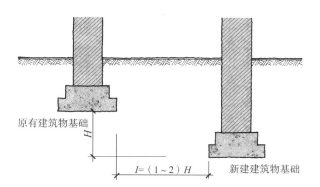

● 图6-16 新、老建筑基础埋深与间距的确定

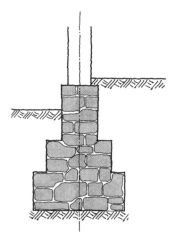

● 图6-18 毛石基础断面

（4）三合土基础——石灰、砂、碎砖三种材料组成。特点是廉价、简单、强度低，只适用于四层及以下建筑。

（5）混凝土基础——特点是强度高、整体性好、不怕水，适用于潮湿、有水的地基中。有阶梯形和锥形两种断面形式；厚度一般为300～500mm，宽高比为1∶1（图6-19）。

（6）毛石混凝土基础——混凝土中加入20%～30%的毛石，节约水泥用量，毛石最大粒径不宜大于300mm。适用于较大的混凝土基础。

2. 柔性基础

柔性基础一般指钢筋混凝土基础。当建筑物荷载较大，或地基承载能力较差时，或为了减少土方量时多有采用（图6-20）。

1. 条形基础

这种基础多用于承重墙和承自重墙下部设置的基础，沿墙下成条形布置，多为刚性基础（图6-21）。

2. 独立基础

这种基础多用于柱下，其构造做法多为柔性基础或混凝土基础（图6-22）。

3. 联合基础

常见的有柱下条形基础、柱下十字交叉基础、板式基础、梁板式基础和箱形基础。这些基础形式多用于地基情况薄弱或较复杂的大型建筑（图6-23～图6-27）。

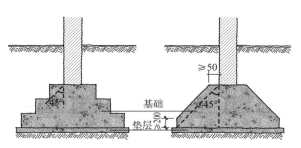

图6-19 混凝土基础

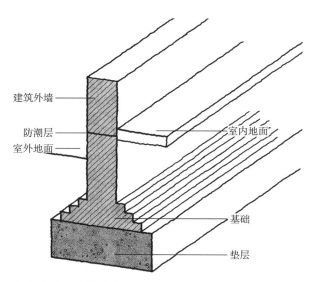

图6-21 条形基础

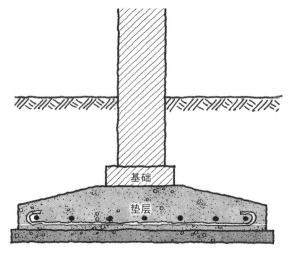

图6-20 钢筋混凝土基础

6.3.2 按构造型式分类基础

条形基础、独立基础、联合基础（筏形基础、箱形基础、桩基础等）。

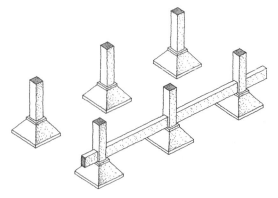

图6-22 独立基础

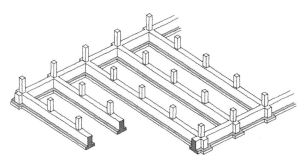
图 6-23 柱下条形基础

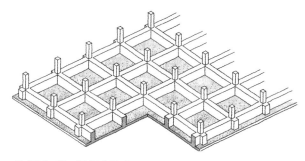
图 6-26 梁板式基础

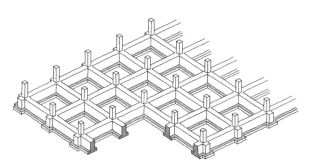
图 6-24 柱下十字交叉基础

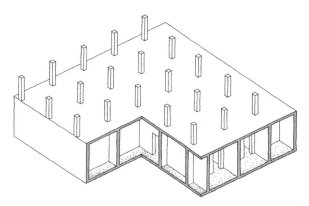
图 6-27 箱形基础

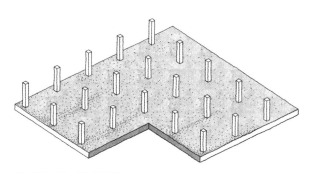
图 6-25 板式基础

第 7 章　建筑中的楼梯

7.1　建筑楼梯

7.1.1　楼梯的形式

楼梯的功能是满足垂直交通，方便人们到达各层平面，是人们向高空争取生存空间的产物。楼梯的形态有很多种，如直跑楼梯、交叉楼梯、剪刀楼梯、双分楼梯、弧形楼梯、螺旋楼梯等。如果楼梯的连续的踏步数量过多，人们走起来就会比较容易感到疲劳，这时我们可以在楼梯适当的部位设置一些缓步休息平台，方便人们的休息与缓冲。我们把相邻两个缓步平台间的楼梯称为一个"梯段"，也可以叫"一跑"。根据相邻楼层间梯段数量的不同，有单跑楼梯、双跑楼梯、三跑和四跑楼梯（图7-1～图7-5）。

7.1.2　楼梯的材料

楼梯的结构材料常用的有钢筋混凝土、钢、木、铝合金等。单一材料的楼梯并不多见，更多的是复合材料的楼梯。

楼梯的饰面材料有水泥砂浆、陶瓷锦砖、面砖、金刚砂、天然石板、人造石板、木板、地毯、玻璃、塑料、钢管、不锈钢等（图7-6～图7-10）。

7.1.3　楼梯的设计

1. 楼梯的布置

楼梯一般要布置在交通枢纽、人流集中点上，以便于疏导人流，如门厅、走廊交叉口、走廊的端部……楼梯的数量、间距必须符合防火规范、满足疏散要求。

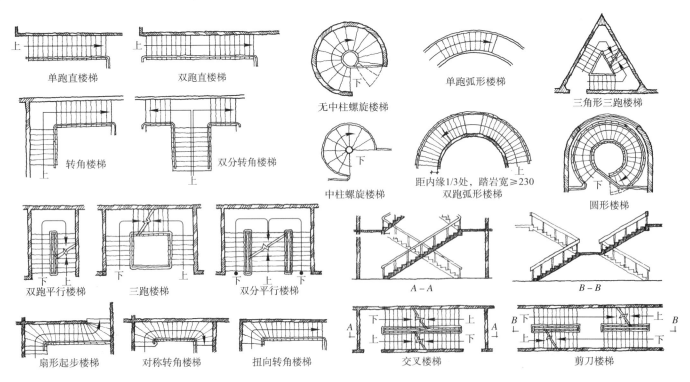

● 图7-1　楼梯的形式有很多种，直线形的楼梯空间紧凑主要用于交通和疏散，曲线形的楼梯往往会成为空间中的装饰

第 7 章 建筑中的楼梯

图 7-2 双分木楼梯

图 7-3 双跑直楼梯

图 7-4 螺旋楼梯，在满足功能的同时，创造了景观

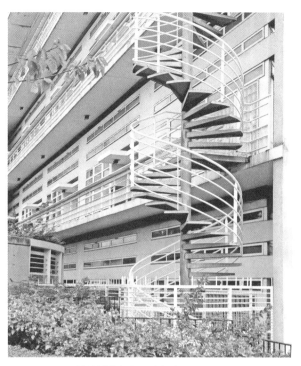

图 7-5 旋转楼梯的栏杆形成极有表现性的构图

图 7-6 钢制楼梯

图 7-7 石材楼梯

● 图 7-8　木制直楼梯

● 图 7-10　玻璃踏面楼梯

2．楼梯的性质

主要楼梯其主要作用是疏导人流。位于人流量大的疏散点上，要求明确醒目、直达通畅、美观协调、有效利用空间。

辅助楼梯位于相对次要的位置上，配合主要楼梯实现疏散功能。

3．楼梯的宽度

楼梯的最小宽度取决于通行人流的大小。作为主要楼梯，梯段宽度按每股人流宽 0.55～0.77m 计算，最小不应小于两股人流，以确保上下通行的顺畅。

作为辅助楼梯，梯段净宽最小不可小于 900mm。

楼梯平台包括楼层平台和中间缓步平台两部分，缓步平台的形状要求相对比较自由，但要考虑不同功能和步伐规律的要求。缓步平台的深度要求可见图 7-11。

（1）直跑楼梯缓步平台宽度 ≥ 2g+r，并且不宜小于 1m；

（2）双跑楼梯缓步平台宽度不小于楼梯段宽度；

（3）有大型家具、设备搬运要求的楼梯，应具体考虑。

4．楼梯坡度与踏步尺寸

公共场所一般楼梯坡度为 1：2，仅供少量人使用或不常使用的辅助楼梯坡度不宜超过 1：1.33。常用的楼梯坡度与相应的踏步尺寸请参考图 7-12。

踏步尺寸应适合使用者行走的需要，其常见取值范围见表 7-1。

● 图 7-9　混凝土楼梯

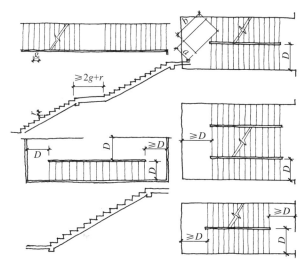

图 7-11 楼梯及缓步台平面尺度设计

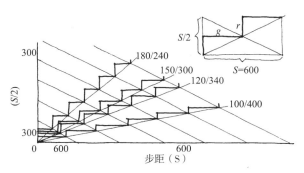

图 7-12 楼梯坡度的设计

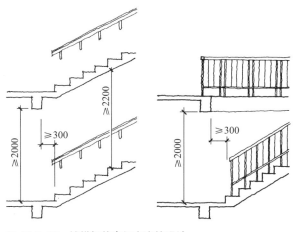

图 7-13 楼梯相关空间高度的设计

5．楼梯净空高度

为防止碰头和产生压抑感，梯段净空高度不应小于 2200mm，平台梁下净空不小于 2000mm，且平台梁与起始踏步前沿水平距离不小于 300mm。这是一些基本的数字，实际是以通行者的安全与舒适度为出发点的（图 7-13）。

7.2　楼梯装饰

7.2.1　楼梯踏步的装饰

楼梯的装饰重点部位是踏步和栏杆，他们都应同时兼顾功能和美观的要求。其基本组成及设置见图 7-14、图 7-15。

1．抹灰面层

（1）踏步的踢面、踏面做 20～30mm 厚水泥砂浆或水磨石面层。

（2）防滑条：离踏口 30～40mm 处做防滑条，高出踏面 5～8mm，防滑条离梯段两侧面各空 150～200mm，以便清洗楼梯。防滑条常见的做法是用金刚砂 20mm 宽或金属条棍做防滑条或用钢板包

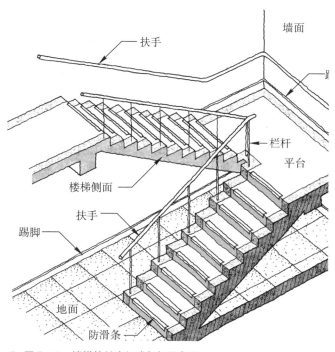

图 7-14 楼梯的基本组成与部位名称

常用踏步尺寸　　表 7-1

名称	住宅	学校、办公楼	剧院、会堂	医院（病人用）	幼儿园
踏步高（mm）	156～175	140～160	120～150	150	120～150
踏步宽（mm）	250～300	280～340	300～350	300	260～300

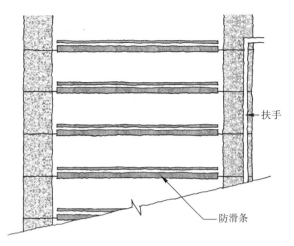

图 7-15　楼梯踏步防滑条的设置

角（图 7-16）。

2．贴面面层

（1）板材和面砖（大理石板、花岗石板、水磨石板、玻璃面砖）。

（2）防滑条：胶粘铜或铝的防滑条，高出踏面 5mm；将踏面板在边缘处凿毛或磨出浅槽（图 7-17～图 7-19）。

3．铺钉面层

将木板、塑料等板材，以架空或实铺的方式铺钉在楼梯踏步上，这种做法与地板的铺设相似。因为这些板材的耐磨性能相对较差，因此这类做法适用于人流少的室内楼梯（图 7-20、图 7-21）。

4．地毯铺设

粘贴式：将地毯粘在踏步基层上，踏口处用铜、铝等包角镶钉。这种做法的缺点是在地毯污染或磨损后，不易清洗和更换地毯，所以已经很少采用。

图 7-16　抹灰装饰楼梯的防滑条设置

图 7-17　贴面装饰楼梯的防滑条设置

图 7-18　石材贴面装饰楼梯及其防滑条

图 7-19　贴面装饰的楼梯踏步

图 7-20　木板铺贴装饰的钢构架螺旋楼梯

图 7-21　木板铺贴装饰的楼梯踏步

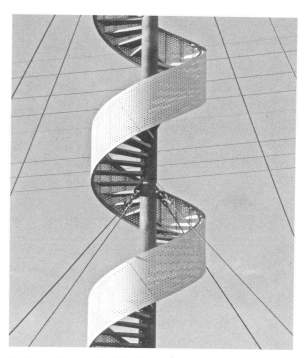

图 7-23　打孔钢板栏板的螺旋楼梯

图 7-22　有地毯棍压住的地毯铺设

图 7-24　石材踏面、不锈钢扶手、玻璃栏板楼梯

浮云式：将地毯直接铺在踏步基层上，用地毯棍将其卡在踏步上（图7-22）。

7.2.2　楼梯的栏杆、栏板

楼梯的栏杆和栏板是重要的安全构件，也是最有文章可做的装饰构件。

当梯段净宽达到三股人流时宜两侧设扶手，达四股人流时应加设中间扶手。

栏杆高度自踏步前沿向上量起，在室内不小于900mm，室外不小于1050mm。危险性相对较高的位置，栏杆应适当加高。

栏杆的选材应坚固耐久，栏杆本身要求有足够的强度。栏杆的固定很关键，要能抵抗相应要求的侧推力（主要来自于人）（图7-23～图7-27）。

图 7-25 铁艺扶手石材楼梯

图 7-27 钢木组合扶手

图 7-26 固定在墙体上的金属扶手

第8章 建筑中的玻璃与幕墙

玻璃在现代建筑、装饰及室外工程中的应用极为广泛，我们在这里先主要介绍：玻璃砖墙、全玻璃无框门、玻璃幕墙。

8.1 玻璃的种类与特性

玻璃是以石英砂、纯碱、石灰石等主要材料与某些辅助材料经1500～1600℃的高温熔融、成型并经骤冷而形成的透明固体，主要是作为可采光的围护材料。随着技术的不断进步，应用于建筑、装饰的玻璃种类越来越多，还可具有控制光线、调节热量、节约能源、控制噪声以及降低建筑结构自重的作用（图8-1）。

建筑中常用的玻璃有：

（1）平板玻璃：主要指的是普通玻璃和浮法玻璃，以及它们经深加工而成的磨光玻璃、磨砂玻璃等。其中浮法玻璃表面更为平整光洁，现在应用极为广泛。

（2）压花玻璃：采用连续压延法生产，表面有深浅不同的多种花纹图案，光线经压花玻璃的折射，产生漫射，因此具有透光不透像的特点，具有独特的装饰效果。

（3）夹层玻璃：玻璃之间夹PVB薄膜，经热压粘结而成；有遮阳夹层玻璃、防弹夹层玻璃、防紫外线夹层玻璃等。用于高层建筑、银行、橱窗等。

（4）夹丝玻璃：又称防火玻璃、防碎玻璃；玻璃中加入钢丝或钢丝网。

（5）钢化玻璃：又称安全玻璃，是平板玻璃经冷淬处理而成，强度提高，不宜再做打孔、磨光等深加工处理，破碎时裂成圆钝的小碎片，不致伤人。

（6）中空玻璃：几层玻璃间夹有空气或惰性气体，周边密封；具有保温、隔热、隔声等性能。

（7）曲面玻璃：两次压制成型，第一次压成夹丝玻璃，当玻璃尚处于可塑状态时，第二次再由曲面棍模具压成曲面。

（8）热反射玻璃：又称镜面玻璃，单反玻璃；普通玻璃表面覆一层有反射热光线性能的金属氧化膜。

（9）吸热玻璃：在透明玻璃中加入极微量的金属氧化物，其颜色随金属氧化物而变化，常见的有古铜色、蓝绿色、蓝灰色、浅蓝色、浅灰色、金色等。该玻璃一般可吸收50%左右的太阳辐射能，如同太阳镜。

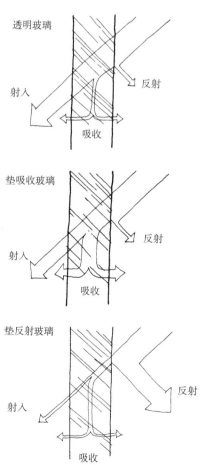

图8-1 不同的玻璃对于光线有着不同的效应，我们可以利用并发挥它们的这一特性

● 图 8-2　玻璃砖墙作为隔断墙的朦胧的透光效果

● 图 8-3　玻璃砖墙面的朦胧的透光效果

8.2　玻璃的基本应用

8.2.1　玻璃砖墙

玻璃砖是由两块分开压制的玻璃在高温下封接加工而成，具有优良的隔声、耐磨、透光（有限透像）、防火、装饰性等特点。可用于墙体饰面或独立的隔断墙体（图 8-2、图 8-3）。

1．空心玻璃砖的接合

（1）砌筑法。用 1：1 白水泥石英砂浆作为胶结材料进行砌筑，墙的面积稍大时，需在砖的接缝处用钢筋进行加固（图 8-4、图 8-5）。

（2）胶筑法。用大力胶等作为胶结材料粘结砌筑成墙面。这种做法形成的墙面相对砌筑法更为通透。

2．技术要求

首先必须注意墙面的稳定性。为增强墙面的稳定性，可在玻璃砖的凹槽中加通长的钢筋或扁钢，并将钢筋同隔墙周围的墙柱连接起来形成网格，再嵌入白水泥或玻璃胶进行粘连，以确保墙面的牢固和

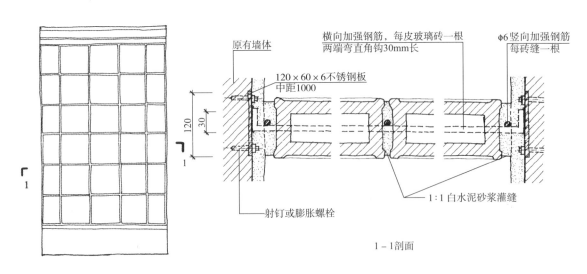

● 图 8-4　玻璃砖墙的组砌与构造

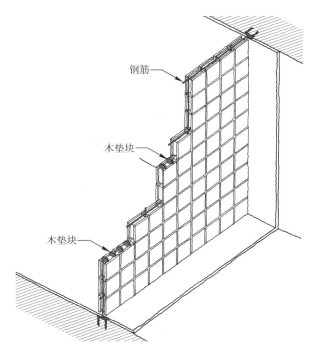

图 8-5 玻璃砖墙的组砌与构造。玻璃砖组砌成墙体时，要利用一些垫块使墙面平整、灰缝平直

图 8-6 玻璃砖用做地面，形成发光或采光地面

图 8-7 以玻璃砖作为踏步的踢面，并在砖的后面安装发光体

整体性。为保证墙面的平整性、砖缝的平直和砌筑的方便，常在玻璃砖间夹木垫块，然后再砌筑玻璃砖。玻璃砖的间距为 5～10mm。

3．扩展应用

现在，玻璃砖除了可以用来形成墙面，还可用在许多其他的地方，这需要的是设计者的创造。比如可以将玻璃砖用于台阶或地面，在砖下部打灯光，可作为一种独特的发光地面（图 8-6、图 8-7）。

8.2.2 玻璃门

这里我们要介绍的不是那种有金属或木的门框的玻璃门，而是全玻璃的无框门。这种门的主体是玻璃的，可以有一些必要的金属附件。

通常这种门的门扇为无框的、厚度 12mm 以上的浮法玻璃板或钢化玻璃板，利用金属的铰链、手柄等附件，形成可开启的透明门扇。这种门一般有简洁、通透、明快的效果。

1．全玻璃无框门的种类（按开启方式分）

（1）手动门：采用门顶枢轴和地弹簧，人工开启。类似常见的平开门（图 8-8、图 8-9）。

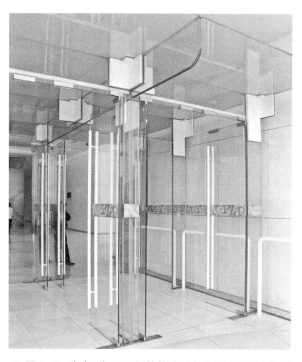

图 8-8 玻璃无框平开门的构造要点就是玻璃门扇与门铰，解决了这个问题，玻璃无框门和其他平开门的技术区别就不大了。其特点就是特别的通透明亮，但要注意的是，在视线高度的范围内一定要设置醒目的提示标志，以便防止人们撞到

图 8-9　玻璃无框门

图 8-10　自动开启弧形玻璃门，这种门的构造重点是导轨和感应器，门扇可以是平面的或弧形的

（2）电动门：这种门与普通门的区别主要在于它不必用人力开启，它有一套自动开启装置和感应装置，可以自动开启。感应器主要有红外线电子感应器和踏板式感应器两种（图 8-10）。

2．全玻璃无框门的构造要点

门扇常用规格与普通门一致，多为 (800～1100) mm×2100mm 左右。这种门的技术关键是门铰的固定方法：一种是门扇上部有横梁的，可以将门铰固定在门扇上部的横梁上；一种是利用玻璃门夹将门扇同旁边的玻璃隔断直接连接。还有就是将门铰固定在两边的独立门梃上等。方法有很多，也很自由，只要技术是可行的，就可以尝试……（图 8-11）。

8.2.3　玻璃幕墙

1．玻璃幕墙的材料组成与技术要求

（1）材料组成

1）骨架材料：包括型材骨架、金属紧固件和连接件。常用型材有型钢和铝合金型材，也有用木材和玻璃作为骨架材料的。

图 8-11　玻璃无框门的设计要与周边整体协调，只要技术合理，我们都可以尝试

2）附属材料：包括填充材料、密封固定材料和防水密封材料等。填充材料是用来填充构件间的较大空隙的，以发泡材料为主，可以起到一定的保温作用。

3）玻璃材料。

（2）技术要求

玻璃幕墙在设计和安装的过程中有些技术问题是必须要考虑的，比如幕墙的自身强度、风压变形、雨水渗漏、空气渗透性能、保温隔热、隔声、平面内变形、耐撞击、防火、防雷、幕墙保养与维修等。这些都有很具体详细的技术约束条款，可供应用时查阅。

2. 框架结构玻璃幕墙

（1）根据框架的布置方式分类

1）竖框式：竖向框架主要受力、与结构体连接，竖框间镶嵌窗框和玻璃，立面形式主要为竖线条的装饰效果（图 8-12、图 8-13）。

2）横框式：横向框架主要受力、与结构体连接，窗与窗下墙是水平连续的，立面形式主要为横线条的装饰效果（图 8-14、图 8-15）。

3）框格式：竖框、横框间没有明显的差异，共同受力，形成格子状（图 8-16、图 8-17）。

图 8-12 竖框式框架结构玻璃幕墙

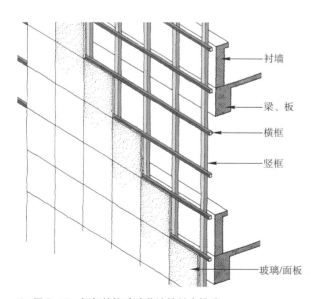

图 8-13 框架结构玻璃幕墙的基本构造

图 8-14 横框式框架结构玻璃幕墙（1）

图 8-15 横框式框架结构玻璃幕墙（2）

图 8-17　框格式框架结构玻璃幕墙（2）

3. 无框架玻璃幕墙

无框架玻璃幕墙是指幕墙玻璃四周没有金属框架包裹，形成较大面积的更为通透的幕墙面。

（1）加肋全玻璃幕墙

这类玻璃幕墙的玻璃，每块最宽可达 3m，高度常见的也有 3～7m，重量以吨计。这样的玻璃，自己根本立不住，为增加玻璃在自重和风压作用下的抗弯能力，在相邻玻璃的接缝处增设与幕墙面垂直的"肋玻璃"。肋玻璃的厚度一般要比幕墙玻璃厚一些，宽度要适当，一般在 300~400mm 左右。加设肋玻璃的道理和一张折过的纸可以立在桌面上的道理是一样的（图 8-19）。

面玻璃与肋玻璃的交接处理一般有三种方法（图 8-20）：

图 8-16　框格式框架结构玻璃幕墙（1）

（2）根据框架的视觉效果分类

1）显框框架结构体系：金属框架同时作为装饰元素，暴露于立面。

2）隐蔽框架结构体系：以特定的方式和构件将金属框格全部或部分隐藏于幕墙内，立面上只能见到玻璃分隔线，而看不到金属框架，有近似整片镜面的感觉（图 8-18）。

图 8-18　隐框式框架结构玻璃幕墙

1)双肋玻璃幕墙;

2)单肋玻璃幕墙(图 8-21、图 8-22);

3)通肋玻璃幕墙。

(2)吊挂式全玻璃幕墙

一反传统的由下部基座支撑承重的方式,吊挂式玻璃幕墙将整片玻璃利用专门的吊挂件吊挂在结构梁下。这样做能使玻璃本身自然下垂,而不会弯曲。但在风力作用下,可以有小幅度的自由摆动而不致破坏,有效地避免了应力集中,增加了玻璃幕墙的抗风压强度。

因为吊挂件通常会被隐藏,所以吊挂式全玻

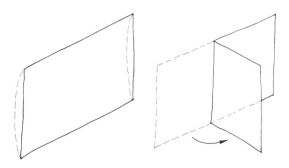

图 8-19 加肋全玻璃幕墙的工作原理

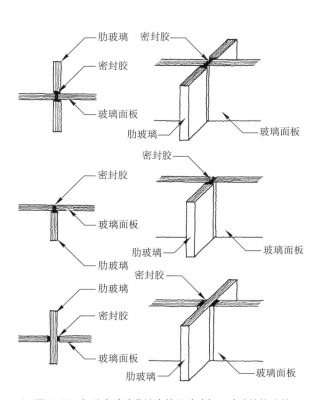

图 8-20 加肋全玻璃幕墙中的肋玻璃与面玻璃的构造关系

图 8-21 单肋玻璃幕墙,这波浪起伏的弧线造型,看起来很美妙,做起来与平面的差异并不大

图 8-22 这个单肋玻璃幕墙的与众不同之处在于:采用了部分的金属连接件将肋玻璃和面玻璃连接在了一起

璃幕墙在外形上与加肋全玻璃幕墙极为相似（图8-23）。

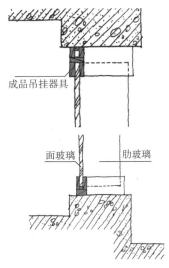

● 图 8-23　吊挂式玻璃幕墙可以说是最为通透的一种玻璃幕墙，其构造要点就是上部的吊挂件和下部的固定连接件

（3）点挂式玻璃幕墙

点挂式玻璃幕墙是一种应用较为广泛的玻璃幕墙。基本由支撑构架、连接构件和玻璃三部分组成。

点挂式玻璃幕墙是由不锈钢索杆和爪形扣件组成的一整套纤巧稳定的支架系统，通过不锈钢爪件将玻璃连接固定，形成通透的整片玻璃幕墙。金属杆件纵横交错，与明亮的玻璃形成鲜明的对比，是真正的技术与艺术的完美结合（图8-24~图8-28）。

● 图 8-24　点挂式玻璃幕墙连接节点

● 图 8-25　点挂式玻璃幕墙（1）

● 图 8-26　点挂式玻璃幕墙（2）

● 图 8-27　点挂式连接技术的玻璃雨篷

● 图 8-28　点挂式玻璃幕墙常用金属构件

大家要注意的是，除了上面提到的几种玻璃幕墙外，随着技术的不断发展，还会有很多其他新型的玻璃幕墙产生。并且就算是这几种已有的幕墙形式，也不一定只是孤立的存在，完全可以进行多种组合和变通。

8.2.4　采光玻璃顶

以可透光的玻璃材料作为屋顶，代替传统的屋顶，可以更多地争取自然采光、接近天空，我们也可以叫它天光。

1. 构造要求

（1）出于安全方面的考虑，采光顶的选材应慎重，通常会选用不易破碎或破碎后不易伤人的安全玻璃（夹胶或夹丝玻璃）或有机玻璃等树脂类透明材料。

（2）采光玻璃顶冬季易结霜、结露，尤其在北方是一个比较突出的问题，除了影响正常的采光效果外，凝结水的滴落尤其恼人。通常的解决办法有三种：

1）提高采光顶的保温性能，使其不产生凝结水。比如可以采用中空保温玻璃等技术来解决。

2）提高采光顶的内侧表面温度。通过加热的方式（周围加热源或吹热风），使玻璃和其他构件表面温度在结露点之上，防止冷凝水的产生。

3）玻璃板保证必要的坡度，可以有效地将表面的凝结水引至边缘排水槽排走。

（3）此外，普通屋顶应考虑的问题采光玻璃顶一样要考虑。比如保温（可采用双层中空形式）、防水、防火、防雷……这涉及很多具体的技术问题，必要时我们可以再深入地研究。

2. 构造形式

一般来说，采光顶的形式除了可与普通屋顶的形式相类似，还因为金属结构与玻璃技术的飞跃发展，以及材料自身轻质高强的特点，采光顶的形式已经非常的自由多样（图8-29～图8-34）。

● 图 8-29　卢浮宫入口处的玻璃金字塔连接节点

● 图 8-30　卢浮宫入口处的玻璃金字塔就是典型的采光玻璃顶

图 8-31 覆盖铁路候车空间的采光玻璃顶

图 8-32 覆盖着圆形商业步行空间的采光玻璃顶

图 8-33 采光玻璃顶

图 8-34 巴黎大王宫的大面积玻璃采光顶，是老建筑的新屋顶

8.3 玻璃的扩展应用

8.3.1 玻璃地面

人类不能飞翔，却一直梦想着飞翔。将玻璃作为地面材料，代替架空地面的板材，利用玻璃的通透特性，可以使在上面的人产生一种凌空的感觉，近似于梦幻般的飞翔。

玻璃地面通常有面玻璃和支架龙骨组成。主要需要考虑的是强度问题、面玻璃的安全性和面玻璃以下部分的视觉效果处理问题。强度通常指的是龙骨的强度和面玻璃的厚度要足够满足上部荷载的要求，单块面玻璃的面积越大，其厚度越要相应增加，通常厚度要在10mm以上。出于安全方面的考虑，面玻璃要选用安全性较好的钢化玻璃或夹丝玻璃等。因为玻璃通常都是比较通透的，所以地板以下的部分就变得可见，因此要进行必要的处理，以实现视觉效果的完美（图8-35~图8-38）。

8.3.2 玻璃的其他拓展应用

玻璃的其他拓展应用主要是利用玻璃的通透性这一特点（图8-39~图8-47）。

● 图8-36 室外空间中的玻璃地面（1）

● 图8-37 室内空间中的玻璃地面（2）

● 图8-35 真正的上下通透的玻璃地面

● 图8-38 室内空间中的玻璃地面（3）

● 图 8-39　经热加工吹塑形成的玻璃球形灯具

● 图 8-40　弧形玻璃隔断

● 图 8-41　天主教堂的彩绘玻璃窗

● 图 8-42　断纹玻璃

● 图 8-43　玻璃通过一定的连接方式，可以代替常见的板材使用

第 8 章 建筑中的玻璃与幕墙

● 图 8-44 利用玻璃如玉质般晶莹、通透的特性，制成的轻灵而又现代的展示、指示牌

● 图 8-45 钢化玻璃的桌面是大家熟悉的一种玻璃应用方式，在玻璃下面打上灯光，就可以形成发光桌面了

● 图 8-46 作为空间界定的玻璃隔断，又是环境雕塑

● 图 8-47 作为空间界定的玻璃隔断，又不失空间的通透性

109

第9章 建筑外环境构造（建筑场地构造）

9.1 外环境地面

9.1.1 环境地面

地面是供人们活动的水平界面，是室外环境工程最基本的构成元素之一。

地面的基本构造层包括面层、结合层、结构层、垫层、地基等（图9-1、图9-2）。

面层是人直接活动与接触的部分，通常可分为整体面层、块料面层、碎料面层等。

结合层是面层与下一层的连接层，可以保证二者连接紧密。

结构层的主要作用是承受荷载，并将荷载传递给下面的垫层和地基。常用的材料有混凝土、碎石等。较重要的城市广场和地面的结构层多采用混凝土结构层，以混凝土为结构层的地面我们通常可称之为硬质地面。

垫层起的是承受并传递荷载的作用，根据所采用材料的特性可分为刚性垫层（整体性好，如混凝土）和非刚性垫层（可以产生变形，采用松散材料，如砂石、碎石、卵石）两大类（图9-3）。

地基是垫层以下的土层，要求坚固、密实，一般做法是素土夯实，特殊情况下可以采用换土等地基处理方法。

9.1.2 硬地面的基本技术参数

硬质地面的结构层要求坚固、强度高，通常采用现浇混凝土。结构层的混凝土强度等级不小于C10，面层的混凝土强度等级不小于C25。

现浇混凝土结构层厚度与使用时荷载的大小直接相关。5t设计荷载（小汽车）的混凝土厚度不小

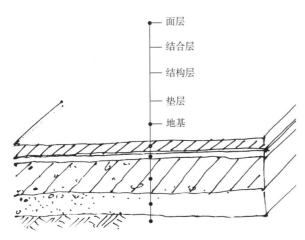

图9-1 室外地面的基本构造

图9-2 硬质地面的施工现场

图9-3 施工过程中的碎石垫层

于120mm，8t设计荷载（卡车）的混凝土厚度不小于180mm，13t设计荷载（大客车、大货车）的混凝土厚度不小于220mm。

大面积的混凝土结构硬质地面，为避免因温度变化而造成破坏，要求设置伸缩缝。纵横向缩缝间距应不大于6m，每4格缩缝设伸缩缝一道（图9-4、图9-5）。

路面横向坡度（也叫路拱坡度）：混凝土路面1%～1.5%，沥青路面1.5%～2.0%。

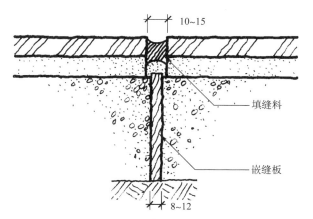

● 图9-4 混凝土结构层的伸缩缝构造

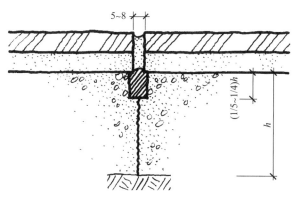

● 图9-5 混凝土结构层的缩缝构造

9.2 外环境地面分类

为了学习的方便，根据地面的特性和采用的材质，我们可以将环境地面分为以下几种类型。

（1）软地面：增强草皮、砂地面、粗砾……

（2）柔性地面：卵石、花岗石方石、砖和砌块……

（3）蜂窝状地面：蜂窝状嵌草砖、塑料网格、金属连锁块……

（4）硬地面（基层是混凝土）：现浇混凝土面层地面、沥青地面、花砖石板地面……

（5）木地面：方木地面、原木地面、木砖地面、木板地面……

9.2.1 软地面

软地面指的是这样的一种人造地面，它既保持了构成地面的柔软材质的大部分自然属性，又可供人们在其上进行一定的活动。

1. 增强草皮

景观设施中最软的地面应该是草地了，但是如果有大量行人或车辆通过的话，一般的草地是无法承受的。因此，设计人员就想出了用"增强草地基层"的做法来维持地面自身绿化的办法。

增强草皮一般的做法有：

（1）在播种草籽以前，在地面顶部表层碾压一层小卵石或砾石。这种草地可以作为一般人行通道。

（2）先做100～150mm厚的压实石填料层，上面铺置75～100mm厚的压实砾石和土的混合物，然后再撒上草籽，这种草地可以满足承载一定车辆通行的要求（图9-6）。

（3）先在土地上铺设镀锌链锁或塑料网格，上面铺置一层75～100mm厚的压实砾石和土的混合物，然后再撒上草籽。或以做法（2）的基础上，在其顶层铺设一层镀锌链锁或塑料网格，这样既能增强草地，又可防止车轮打滑（注：为保证效果及防止损坏，最好是播种草籽而不是铺上草皮）（图9-7、图9-8）。

增强草皮的应用：公园小道、增强普通道路的路边或路肩处的草地、季节性使用或使用频率不高的停车场等。

增强草皮的局限：由于草皮的自然特性，虽然采用了增强措施，但是仍然无法绝对避免草地的损坏。因此，行人或车辆通行频率高的路面不适宜应用此类方式，同时应该强化管理。另外，由于此类

图 9-6　增强草皮坡道

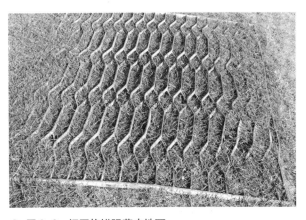

图 9-8　钢网格增强草皮地面

图 9-7　塑料网格增强草皮地面

地面对地表压力的扩散能力较差（导致土壤局部压实），因此对周围现有树木的生长不利，有导致停车场周围树木死亡的可能性。而硬质地面不会发生此类状况的原因就是硬质地面能将自身所承受的荷载分散开。

2．砂地面

砂，是铺设儿童游乐场的理想材料，但施工时要妥善处理，并要提供有效的排水措施。这里所说的砂是指天然状态的"软砂"，并要洗掉黏土、污物等杂质（图9-9）。

图 9-9　砂地面。儿童游戏场地

砂坑的一般做法是在夯实的地基层上设隔离层，上面铺砂。天然地基必须压实，并做成斜坡（排水坡），从游乐场地坡向盲沟。盲沟是用卵石填满的排水沟，不是可能被堵塞的常用排水系统。隔离层可以是覆盖在150mm厚的松铺砾石和填砂垫层上的塑料网格或结实的多孔板。表面铺砂层的厚度一般为300~450mm（图9-10）。

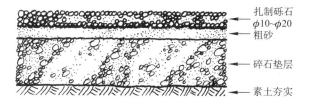

图9-12 粗砾地面的剖面构造

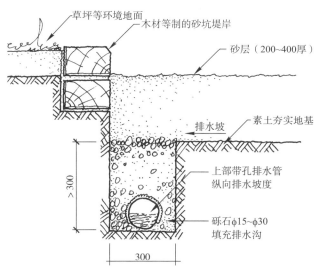

图9-10 砂池边缘剖面及排水构造

3．粗砾地面

粗砾是最便宜、最方便、最快捷的铺设材料之一。

粗砾一般分两种，天然的圆砾石和被称为"豆砾石"的细碎石，在考虑儿童安全的地方多用天然的圆砾石（图9-11~图9-13）。

粗砾的应用：（1）在施工中的建筑工地上铺一层粗砾，可使工地现场变得整洁。之后还可以再利

图9-11 粗砾地面

图9-13 粗砾地面

用它作为混凝土的骨料。（2）在建筑物外墙周围铺设，可以防止雨水淋溅到墙上。（3）当某处植物被损坏而暴露干燥的土壤时，可以利用粗砾起到防尘作用。（4）当某处刚做好的铺面看上去不恰当时，可用粗砾来迅速补救。（5）在园林中与花盆、石板等组合铺设，可以得到丰富的效果（图9-14、图9-15）。（6）在日本的"枯山水"中常用这种砾石做成图案来象征波浪和水的倒影等（图9-16）。

9.2.2 柔性地面

柔性地面是既粗糙不平，又能承受一定的变形而不会被破坏的地面。柔性地面要求比沥青、混凝土地面有更大的坡度（建议最小坡度为2.5%）。

所谓地面的柔性是指地面具有一定的弹性和非弹性的变形能力，在一定的变形范围内，地面不会

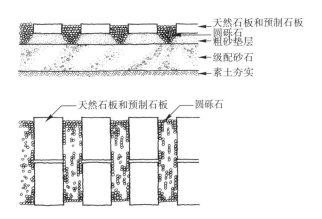

图 9-14 粗砾与板材联合铺装构造

图 9-15 粗砾与板材联合铺装的地面

被破坏,也不会影响正常使用。

柔性地面,其柔性的实现与地面的基层和面层有关。砂和碎石填料基层会改善地面的柔性。

常见的柔性地面面材有卵石、花岗石方石、砖和砌块等。

1. 卵石地面

以一定粒径的卵石作为地面材料,较早的例子是中国历史上的一些园林中带图案的卵石地面。卵石地面一度被认为是一种障碍性地面,不利于人的行走和车辆的行驶。但现在好多地方将其作为"健康步道"进行铺设,原因是其凸凹不平的表面对足底有一定的按摩作用,有益健康(图 9-17~图 9-22)。

柔性卵石地面的铺设方法是用木槌将卵石击入砾石基体中,或挤入细骨料混凝土中。铺设时需用石填料做基层。卵石、基层、石填料总的厚度为 200~300mm(图 9-17)。

有混凝土的卵石地面有时会产生裂缝,但是这些裂缝会被卵石产生的纹饰所掩蔽。

图 9-16 "枯山水"景观中的粗砾应用

柔性卵石地面会有一些问题,例如一些成长中的孩子们抠下上面的卵石相互投掷着玩,因此可能成为不安全的因素。

2. 方石地面

方石地面也叫料石地面,包括大料石、小料石地面。方石在铺砌技术上和卵石有许多相似之处,例如它们都可以排列成复杂的图案,对人都有极强的亲和力(图 9-23~图 9-27)。

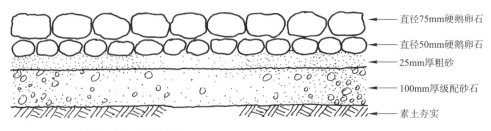

图 9-17 柔性卵石地面的剖面构造

第 9 章 建筑外环境构造（建筑场地构造）

图 9-18 卵石地面

图 9-19 卵石地面可以成为硬质通道与软质地面的过渡（巴黎拉维莱特公园）

图 9-21 卵石与石板等板材组合铺装

图 9-20 在园林中，卵石步道给人贴近自然的感觉

图 9-22 不同级别的卵石可以作为"枯山水"等景观构成元素

115

大块方石　边长150mm立方体　边长100mm立方体　边长50mm立方体

● 图 9-23　方石常见的形状与尺寸，根据需要还可以制成其他多种形状和尺寸

● 图 9-24　方石在异形平面的地面铺装中，优势尤为明显

● 图 9-25　方石地面

● 图 9-26　方石地面（布鲁塞尔大广场）

● 图 9-27　加大石块间的缝隙，就可以留给小草更多的生存空间

● 图 9-28　方石地面的修补过程，可以看出方石地面的一些特征

方石在铺砌后立即要灌以砂和水泥的干拌合物，再浇上水。这里要强调的是，要避免在石块间用水泥砂浆做成嵌缝或灌浆带，为的是保持方石的色调和质地（图 9-28～图 9-34）。

方石有着很高的二次利用价值。用过的方石由于表面的机理变化，再利用还可以形成很特殊的效果。

选材：方石地面必须选用具有耐磨和防冻性能的石材。火成岩一类的花岗石最为适用，相比之下

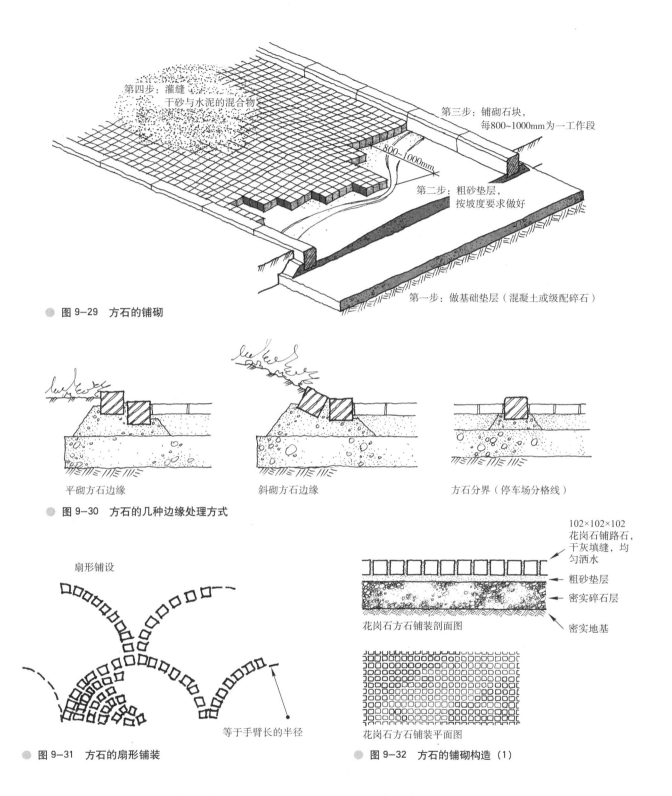

图 9-29 方石的铺砌

图 9-30 方石的几种边缘处理方式

图 9-31 方石的扇形铺装

图 9-32 方石的铺砌构造（1）

玄武岩类的岩石就难以加工。像石灰石或砂岩这类石块虽然易于加工，但是在重载下耐久性差。

3. 砖、砌块地面

用砖和砌块铺装地面的方法是一种建筑材料的扩展使用。砖，一般指的是黏土砖（红砖、青砖）和耐火砖等，而砌块则多指以混凝土为主要材料制成的复合材料。它可以有多种形状，多种表面机理和图案、色彩等。现在已经有很多种专门用于铺地的烧结砖和混凝土预制砌块了。

这类材料一般厚度在 50mm 以上，一般情况下无需混凝土基层，通常是在夯实的基土上以河砂做基层。这种铺面形式多用于人行道、广场以及有小

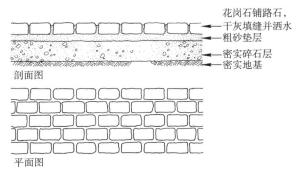

● 图 9-33　方石的铺砌构造（2）

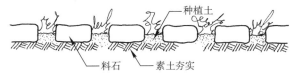

● 图 9-34　方石的铺砌构造（3）——植草铺砌

型车辆通行的车道上，它的优点是施工方便、快捷，易于维修与更换，而且可以组成自由、丰富的图案。

砖的表现力非凡，小尺寸黏土砖形成了荷兰城镇的一道引人入胜的景观，建筑大师矶奇新也对砖这种材料钟爱有加。

砖有较强的吸附力，因而在湿热的环境下可能附着有苔藓。针对这一特性，我们可以适当利用或者加以回避（图 9-35～图 9-40）。

● 图 9-36　现代景观中的侧砌砖铺地（荷兰）

● 图 9-35　砖铺地广场（荷兰）

● 图 9-37　红砖地面的细部

装主要应用在有环保意识的停车场和车辆的临时交通区,还有就是利用这些蜂窝状砌块来保护树木或加强河岸,防止剥蚀。

这种铺装的核心做法是:在混凝土铺地块材的芯部填土,而下部基层要求使用稳固的碎石填料,这样既可以帮助排水又能支撑面层(图 9-41 ~ 图 9-44)。

● 图 9-38 带有中国传统风格的青砖铺地

● 图 9-39 混凝土大预制块铺地

● 图 9-40 混凝土小预制块铺地

9.2.3 蜂窝状嵌草砖

这种铺面块材的形状类似混凝土砌块,但是表面有较大的孔洞,铺砌后呈蜂窝状,有利于在其间生长草丛或其他植物。

使用这种铺装的目的是在满足必要的交通要求的前提下,可以尽可能多的增加绿化。国内这种铺

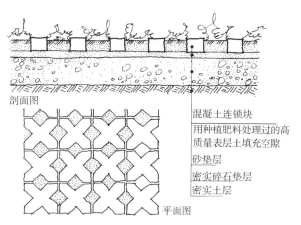

● 图 9-41 蜂窝状嵌草砖铺地构造

● 图 9-42 蜂窝状嵌草砖铺地,较理想的生长状态

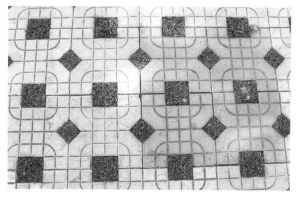

● 图 9-43 蜂窝状嵌草砖铺地。当人流密度过大时,不宜做此类地面铺装

● 图9-44 蜂窝状嵌草砖铺地。利用人的行为修正通道形态

此外,还可以用一种塑料格栅代替混凝土铺块,具体做法与混凝土铺块相同。

9.2.4 硬地面

硬地面是指有坚实基层的地面形式,面层可以是板材和砖、砌块等块材。"坚实的基层"一般指的是混凝土或经过夯实的材料作为主要承载部分的基层。

常见的硬地面有:现浇混凝土面层地面(包括现浇水磨石地面)、沥青地面、花砖地面、石板地面等。

一般来说,由于温度变化而引起热胀冷缩或荷载分布不均匀等原因,硬地面的基层和面层会因产生裂缝而破坏,所以要在一定的距离范围内设置分隔缝(图9-45、图9-46)。

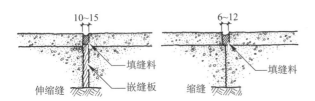

● 图9-45 混凝土路的变形缝构造

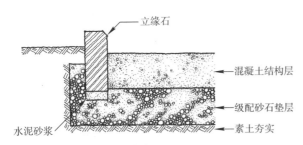

● 图9-46 混凝土路的边缘处理

1. 现浇混凝土(面层)地面

现浇混凝土(面层)地面是永久性地面中较经济的一种做法。

当有车辆经过时,选用混凝土的强度等级不小于C30。当无车辆通行时,选用混凝土的强度等级不小于C20。有的在地表面另做抹面装饰层,但因其施工难度有所提高,而且容易出现"空鼓"等不利现象而不经常采用了。

现浇混凝土(面层)地面的做法很多,常见的有:

(1)现浇水磨石地面:是混凝土地面的一种,它是在混凝土垫层表面再做一层厚度为30~50mm的水磨石面层。

(2)卵石嵌砌地面:也就是在混凝土基础上再铺一层20mm以上的1:3水泥砂浆,在上面嵌砌卵石,卵石要嵌入砂浆中一半以上,砂浆的厚度一般要大于卵石的粒径(图9-47)。

● 图9-47 现浇混凝土路面,面层粘结了小卵石,既可以增强路面的耐磨性,也可以改善视觉效果及触感

(3)彩色混凝土地面:是在混凝土中掺入矿物染料制成(图9-48、图9-49)。

(4)模纹艺术地面:在混凝土没有硬化之前,若再用各种机理的模具压印,就又可以形成不同的机理和花纹(仿石、仿木……)的艺术地面。

由于混凝土的干缩特征和热胀冷缩等特性,大面积的混凝土时间长了会产生裂缝。为防止这种裂缝的

图 9-48 现浇混凝土地面，面层掺有彩色石渣，既可以增强路面的耐磨性，也可以改善视觉效果及触感

图 9-50 现浇混凝土地面的表面处理方式十分自由，本图就是混凝土与石板（金属板也可以）结合的铺装效果

图 9-49 现浇彩色混凝土路面

产生，混凝土地面每隔 4m 要做一道缩缝。但这种分隔缝也可以有一些变通的做法，如利用砖等块材作为分隔材料，或在台阶处分缝等。可以掩饰分隔缝在视觉上的不良效果，这种方法变化无穷，大家可以发挥自己的智慧去创造出更好的形式（图 9-50）。

此外，如果在混凝土中加入钢筋网，既可以增加混凝土的抗压强度，又能减少裂缝的产生，提高地面的质量标准。

2. 沥青地面

沥青地面的做法是在基础垫层的表面铺沥青碎石混凝土，再用压路机碾压。这种做法具有经济、施工简单、防水、防滑、一般不用做分隔缝的特点。大量用于北方道路、停车场及标准较低的大面积硬地。

沥青地面一般呈黑色，夏天路面吸收日光较强，路面温度较高，所以大面积使用既不环保也不美观。现在可以在沥青中加入调色剂制成彩色沥青地面，其效果有所改善（图 9-51~图 9-53）。

图 9-51 沥青路面处理，机动车道为黑色，自行车道为红色

图 9-52 被切割破坏的沥青混凝土路面，可以看出其断面构造

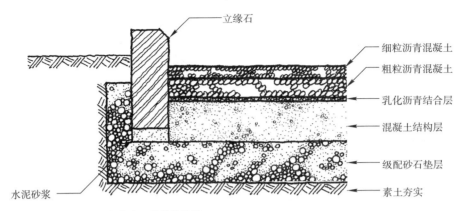

图 9-53 沥青混凝土路及路边的构造

沥青地面是不透水的，但现在出现了透水性沥青地面，大大改善了这种地面的生态性能。

3. 花砖、石板地面

花砖一般是指广场砖和仿瓷地砖（厚度约 12~20mm）；石板指各种天然石板及预制水磨石等人造板材，厚度约 20~60mm。天然板材包括：大理石板、花岗石板、砂岩板、石灰石板、沉积岩板。

这类地面一般必须做混凝土结构层。混凝土的强度等级一般不低于 C20，厚度根据荷载情况确定。面层板材与混凝土结构层之间用结合层粘结，结合层一般采用 30mm 厚 1:3 水泥砂浆。

面层材料接缝处，花砖面层用 1:1 水泥砂浆勾缝，石板面层用 1:2 水泥砂浆勾缝或细砂扫缝。一般以 4m×4m 分隔做缩缝，20m×20m 左右做胀缝。

花砖、石板地面是一种较高标准的地坪形式，根据材料的不同，色彩、质感、表面机理的差异，采用灵活的组砌、拼装方式，可以形成丰富的图案及机理效果，是现在应用较为广泛的一种地面形式（图 9-54~图 9-60）。

图 9-55 小型石板面层的铺装

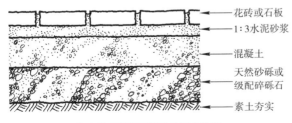

图 9-54 花砖或石板地面铺装的基本构造

图 9-56 麻石广场砖面层的铺装。请注意图片中的白色线，那是铺装平直的保证——放线

图 9-57　花岗石石板地面（巴黎）

图 9-58　花岗石石板与卵石组合铺装的路面（杭州）

图 9-59　广场砖与大理石组合铺装的广场（巴黎拉德芳斯）

图 9-60　异形石板铺装的广场（北京）

9.2.5　木地面

木材在地面上的应用大家是熟知的，但以往大都局限在室内，原因是原始的木材暴露在室外极易腐坏。但随着防腐技术的不断进步以及人们对环境质量要求的进一步提高，各种木质地面在景观工程中的应用也就越来越广泛了。

木材在景观工程中的应用按材料的切割方式不同分为：原木、方木、木砖和木板条等。方木因其形态与火车轨道下的枕木十分相似，所以我们常用"枕木"来代替"方木"的称呼。

木地面按工艺做法不同分为实铺式和架空式两类。

1. 方木、原木的一般用法

（1）与砾石结合形成砾石通道的台阶部分（图 9-61～图 9-66）。

（2）用做支撑的挡土构件（图 9-67、图 9-68）。

2. 木砖的一般用法

如果说方木、原木更适合作为台阶的踏步面层或架空地面的条状木质材料的话，木砖则是更适合做平铺地面的砖块状材料。木砖的铺装工艺与砖块材料也极为相似，这里就不再赘述。

因为木材可以自由切割，因此木砖的形状与做法也丰富多变。圆木砖的横截面朝上，作为实

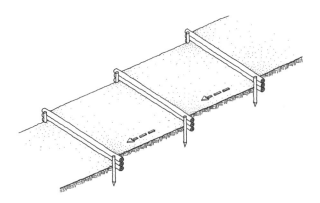

● 图 9-61 台阶式坡道——原木铺设

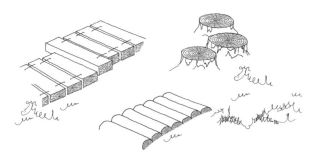

● 图 9-64 大木料在园林通道中的应用

● 图 9-62 台阶式坡道实例——原木、砾石铺设

● 图 9-65 作为台阶、通道的原木做法

● 图 9-66 方木挡土墙与方木、砾石台阶

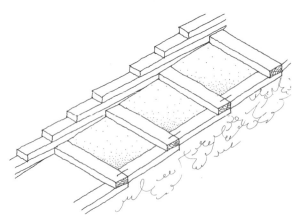

● 图 9-63 由方木、砾石铺设的台阶

● 图 9-67 方木铺装的地面

铺地面的面材可形成有趣的图案，圆木砌块间用300～400mm厚的白砂或小砾石灌实。这种做法主要是出于视觉上的考虑。以方木砖代替砖砌块来做地面，可以形成比黏土砖更有亲和力的地面效果（图9-69～图9-74）。

图9-69　实铺木地面，这种木砖与地板条极为相似，只是长度较短（400mm左右）

图9-68　方木架空地面

图9-70　横截面向上的圆木砖地面，木砖间的缝隙以砂砾填充

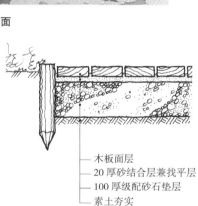

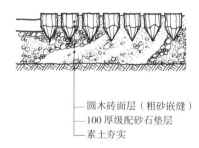

图9-71　实铺木地面构造

图9-72　横截面向上的方木砖地面，这种地面会给人较坚实且更具亲和力的感受

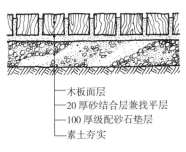
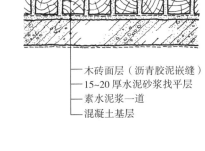

- 木板面层
- 20厚砂结合层兼找平层
- 100厚级配砂石垫层
- 素土夯实

- 木砖面层（沥青胶泥嵌缝）
- 15~20厚水泥砂浆找平层
- 素水泥浆一道
- 混凝土基层

◉ 图9-73　实铺木砖地面构造

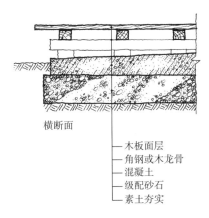
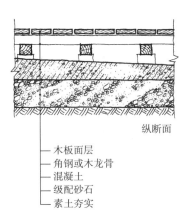

横断面　　　　　　　　　纵断面

- 木板面层
- 角钢或木龙骨
- 混凝土
- 级配砂石
- 素土夯实

- 木板面层
- 角钢或木龙骨
- 混凝土
- 级配砂石
- 素土夯实

◉ 图9-74　刚性实铺木板地面构造

3．架空式木地面

架空式木地面主要是在龙骨、格栅上铺设木板条，形成的地面。格栅采用的龙骨（型钢、木方）的断面尺寸由计算而定，间距一般在0.5～1m。

根据基层的不同情况，龙骨可以分别架在梁柱等支撑结构上，也可以架在混凝土基层上。龙骨架在梁柱等支撑结构上的做法可以将地面完全架空，减少地面潮湿、腐蚀等作用的影响，多用在高差变化较大的自然形态园林中的平台及路面以及桥面上。龙骨架在混凝土基层上的这种做法较前一种能给人更多的稳定感，多适用于地面较平坦的城市景观的平台及路面中。

混凝土基层表面要做成坡度（2%左右）。与混凝土相接的主龙骨要顺着坡向铺设，以利于排水。混凝土要按照前述混凝土地面中的要求做缩缝和胀缝，混凝土的强度等级不低于C20（图9-75、图9-76）。

梁柱等支撑构架架空格栅的做法中，柱子的理想做法是：将埋在地面以下的部分做防腐处理（如

◉ 图9-75　龙骨架设在混凝土基层上的架空式木板地面

◉ 图9-76　龙骨架设在混凝土基层上的架空式木板地面

涂沥青防腐涂料）或是将木柱放在混凝土垫座上，柱子与混凝土之间用橡胶、沥青等做成隔离层，或者柱子干脆用混凝土或型钢来做。

这种架空的木地板下，如果是可供植被生长的土地，在设计架空高度及地面铺设时，必须考虑方便清除下面的杂草的可能性（图 9-77～图 9-80）。

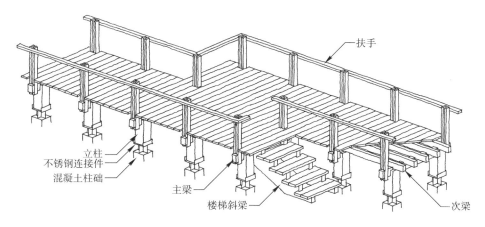

图 9-77　架空木地面构造

图 9-78　架空式木地面（1）

图 9-79　架空式木地面（2）。龙骨架设在梁、柱支撑结构上

图 9-80　架空式木地面（3）。龙骨架设在梁、柱支撑结构上

9.3 台阶

台阶与坡道是解决不同高程地面间的交通联系的有效方法。

9.3.1 台阶的设计与要求

一般来说，室外台阶的尺度要比室内楼梯平缓一些。踏步高（h）一般在 100～150mm，踏步宽（b）一般在 300～400mm 左右，实际尺度可以根据设计意图的需要有所改变。为防止积水，踏步的踏面要向下坡方向有一个 1%～3% 的坡度，休息平台也要有一个向排水方向的 3% 左右的坡度。所谓休息平台就是台阶起步之前和结束之后，以及当高差较大时（比如说超过 18 步的台阶），台阶中间设置的缓冲平台，可供人停步休息，就叫休息平台。平台的宽度要求不小于 1m。

一般来说，台阶的步数不能少于 3 步，因为很多人会忽略它的存在而容易摔倒（图 9-81）。连续的踏步最多不要超过 18 步，超过的，中间要做休息平台，否则会造成人的过度疲劳（图 9-82）。

台阶的面层应选择防滑、耐久的材料。尤其是北方比较寒冷的地区，更要在踏步的边缘处做特殊的防滑处理。具体做法可以参考室内踏步防滑条的做法。

步数较少的台阶，其基层做法与周围地面类似就可以了。当步数较多，或地基土质较差，或标准较高，或在冻胀地区时，可根据情况做成钢筋混凝土台阶，以防止不均匀沉降带来的台阶破坏。所用混凝土强度等级不应低于 C20，所配钢筋为 φ8～φ12@150～@200 双向。

9.3.2 台阶的分类

1. 按功能性质分类

（1）高程变化不大时的台阶常用在较缓的坡面上（图 9-83、图 9-84）。

（2）与建筑物入口有关的台阶（图 9-85）。

（3）具有纪念意义的台阶（图 9-86）。

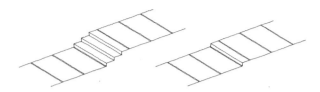

图 9-81 台阶最好做到三步以上，因为孤立的一、两极台阶容易被人忽视而发生危险

图 9-82 高差过大、连续台阶过长，易使人感到疲劳，又容易给人危险的感觉

图 9-83 广场上高程变化不大的台阶，以联系高差较小的两个界面

图 9-84　如果台阶比较宽大，在可能的情况下降低台阶的坡度，会让人感觉更舒适些

图 9-85　建筑物入口处的台阶

2．根据面层材料与构造分类

（1）砖、砌块台阶（图 9-87~图 9-89）

（2）混凝土台阶（图 9-90~图 9-92）

因为混凝土的造型能力强，所以特别适用于异形的台阶，但其表面的耐磨性能不够理想。

（3）花砖、石板台阶（图 9-93 ~ 图 9-96）

多指用花砖石板饰面的台阶，其基层的受力结构多为混凝土或砌块。

（4）料石台阶（图 9-97 ~ 图 9-101）

整块的料石作为台阶踏步，具有整体、美观、坚固、耐久等优点。

（5）木台阶（图 9-102 ~ 图 9-104）

木台阶分整块木料台阶与木板踏面台阶。

（6）其他材质的台阶（图 9-105 ~ 图 9-107）

图 9-86　具有纪念意义的台阶，这样的大台阶在一定程度上可以调整观瞻者的心绪，同时我们也可以留意一下台阶中间的那些缓冲平台

图 9-87　砌块台阶（拉德方斯广场）

图 9-88 弧形的砖台阶

图 9-90 混凝土台阶

图 9-91 弧形的混凝土台阶

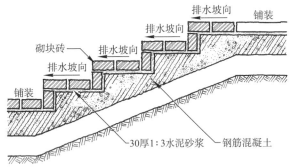

图 9-89 砖、砌块台阶构造

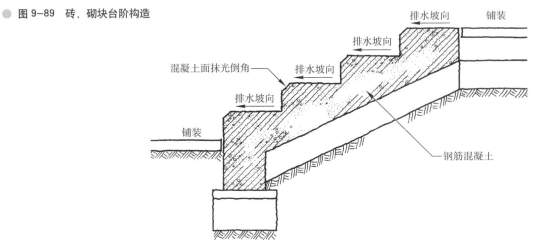

图 9-92 混凝土台阶构造

第 9 章 建筑外环境构造（建筑场地构造）

图 9-93 花砖、瓷片饰面台阶（巴塞罗那 Park Guell 入口）

图 9-94 石板饰面台阶

图 9-95 局部石板饰面台阶

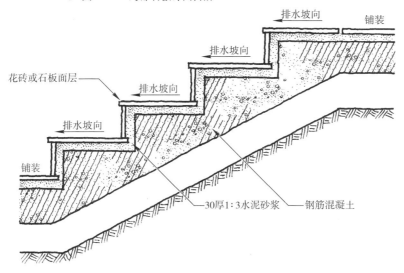

图 9-96 花砖、石板饰面台阶构造

● 图 9-97 料石台阶的石料

● 图 9-99 中国古建筑中料石台阶

● 图 9-98 料石台阶的铺装及石料

● 图 9-100 现代景观中的料石台阶

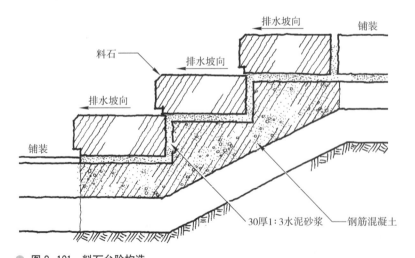

● 图 9-101 料石台阶构造

● 图 9-102 实铺方木台阶。美观、坚固，自然亲和力强，但木材用量大

● 图 9-103 架空木板台阶

● 图 9-104 木板饰面台阶

出于创意和某些其他原因，还会有很多其他材质的台阶，比如钢制台阶、铸铁台阶、玻璃台阶……

● 图 9-105 混凝土基层上的钢板饰面台阶，这种台阶大大增强了耐磨性能和视觉效果

● 图 9-106 经过防滑处理的钢板台阶

● 图 9-107 建筑入口处的铸铁台阶，这种台阶通透且排水顺畅

9.4 坡 道

9.4.1 坡道的设计与要求

1. 地面的坡度

坡度与人的视觉和行为之间有一定的关系。客观地讲，地面是不能也没有绝对平坦的。

（1）坡度小于 1% 时，地面平坦，但是排水困难，雨天会造成不便。

（2）坡度在 2%～3% 时，地面比较平坦，视野开阔，活动方便。

（3）坡度在 10%～25% 时，可以尽情展现优美的坡面。这时人的活动就要依靠台阶或坡道了（图 9-108）。

● 图 9-108 可以尽情展现优美景观的坡面

2. 坡道的设计要求

当高差不大（少于两步台阶）或有轮式交通工具通行的情况下时，要求做坡道。一般坡道的坡度范围在 1∶6～1∶12 之间。

有轮椅通行的要求时，其坡度应小于 1∶12。坡道不宜连续过长，一般超过 10m 就要做一个较平缓的休息平台，并且其宽度不小于 1m。这里要指出的是，坡度越大的坡道，其坡长就要求越短。如坡度在 1∶8 时，其坡道长度就不宜大于 5m。

坡道的结构层和垫层的做法与相邻地面的结构层和垫层的做法相同即可。

9.4.2 坡道的分类

1. 坡道的面层处理和材质

坡道表面必须考虑防滑，具体的防滑做法有礓䃰、水泥砂浆防滑沟槽、各种防滑条等。现在也有许多成品的橡胶或金属的防滑垫可供选用。

（1）砖砌礓䃰坡道（图 9-109）。

（2）水泥坡道（图 9-110~图 9-113）。

（3）石材坡道（图 9-114、图 9-115）。

（4）金属坡道（图 9-116）。

2. 坡道的功能、形态特征

（1）以解决不同高程界面联系的功能性交通坡道，这类坡道一般坡度较平缓，比如供汽车通行的坡道和建筑入口处的坡道等（图 9-117）。

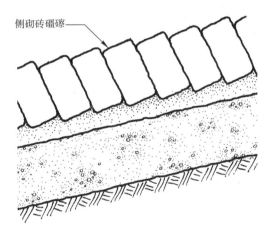

● 图 9-109 砖砌礓䃰防滑坡道

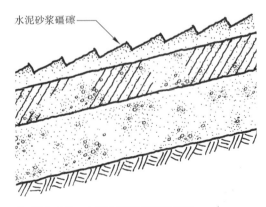

● 图 9-110 水泥砂浆礓䃰防滑坡道

图 9-111 地下车库入口处的水泥砂浆礓磜防滑坡道

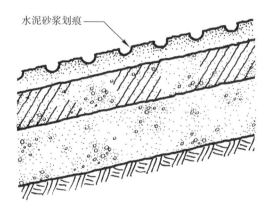

图 9-112 水泥砂浆防滑沟槽防滑坡道

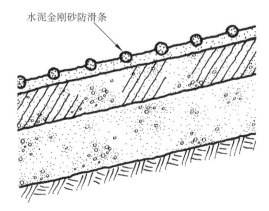

图 9-113 水泥铁屑防滑条防滑坡道

图 9-114 有防滑效果的粗糙石材坡道

图 9-115 石材坡道。由经过防滑处理（开槽）的石板铺就的无障碍坡道

图 9-116 金属弧形坡道

● 图 9-117 以解决不同高程界面联系的功能性交通坡道，坡度较缓

（2）方便残疾人通行的无障碍坡道（图 9-118）。

● 图 9-118 与台阶配合使用的无障碍坡道

（3）出于景观效果考虑的、丰富地面层次的景观性坡道（图 9-119、图 9-120）。

● 图 9-119 中国传统拱桥上的坡道，既有视觉的考虑，也可以方便轮式车辆的通行

● 图 9-120 作为地面处理方式之一的景观型坡道

9.4.3 台阶式坡道

坡度在 1：4（25%）~ 1：12（8.3%）之间的坡地一般会使用台阶式的斜坡道。这种坡道的梯段一般有一个恒定的坡度 1：12，而台阶踢面高度和踏面的宽度应该有所不同，以适应具体地形坡度的变化。

为了使推车和轮椅能在坡道上顺利地通过，踢面的高度应该小于100mm，而踏面的宽度应该大于900mm，最好能做到 1500mm。因为这样每一个踏步的踏面都可以恰好分成三步走（图 9-121 ~ 图 9-125）。

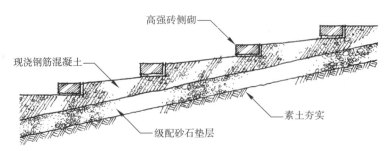

● 图 9-121 台阶式坡道构造——混凝土和高强砖踏步边缘

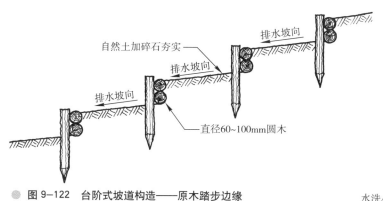

图 9-122 台阶式坡道构造——原木踏步边缘

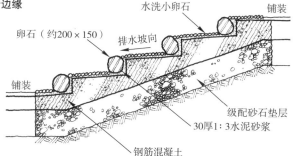

图 9-124 台阶式坡道构造——卵石踏步边缘

图 9-123 台阶式坡道——原木踏步边缘

图 9-125 台阶式坡道

9.5 挡土墙

9.5.1 挡土墙的设计与要求

当土壤的倾斜角度超过其自然稳定角时便难以稳固，因此，常常需要建造挡土墙。在对地基状况和土壤剖面进行分析后，正常的设计程序如下：

（1）估计土壤将对挡土墙产生的测向力的大小。

（2）选定挡土墙和基础的形式。

（3）设计挡土墙的具体尺度和各种相关构件。

（4）确定回填部分的排水方式。

（5）考虑墙体可能的移动和沉降。

（6）确定墙体的装饰形式。

设计要点：

（1）水的排除：防止墙后水压的积聚对墙体造成破坏。一般做法是在墙体背后做易渗处理——填筑一定厚度的碎石层，再利用水管等将水排出。水管的设置一般是每 $3m^2$ 设一个直径 75 ~ 100mm 的水管，水管一般设在墙体偏下部位。

（2）设置伸缩缝：无钢筋混凝土的缩缝间距为 5m，胀缝间距为 20 ~ 30m。

9.5.2 挡土墙的结构形式

1. 重力式挡土墙

重力式挡土墙是靠墙体的自重抵抗土体侧压力的挡土墙。按所用材料类型还可以分为混凝土挡土墙、浆砌石挡土墙和混凝土预制砌块挡土墙等。这种挡土墙材料用量大，但是结构比较简单，施工方便，断面一般呈现上小下大的正梯形。在保证挡土墙必要坡度的情况下，随着高度的增加，材料用量增加很快，因此此类挡土墙的经济高度一般为 4~5m（图 9-126~图 9-131）。

图 9-128 重力挡土墙。天然石料砌筑（3）

图 9-126 重力挡土墙。天然石料砌筑（1）

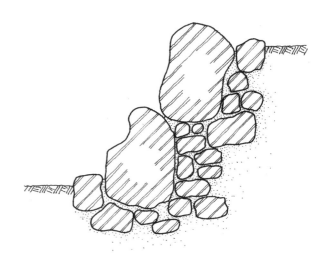

图 9-129 重力挡土墙。天然巨石砌筑

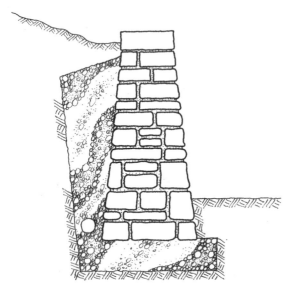

图 9-127 重力挡土墙。天然石料砌筑（2）

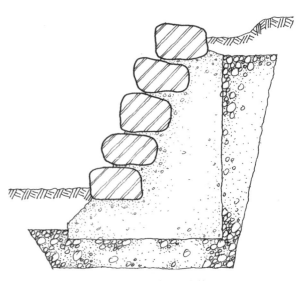

图 9-130 重力挡土墙。天然卵石砌筑

图 9-131 重力挡土墙。天然石砌筑的挡土驳岸

2. 半重力挡土墙

半重力挡土墙是在重力挡土墙的墙体中加入钢筋骨架，缩小了墙体断面的重力式挡土墙。半重力挡土墙的混凝土用量较重力式挡土墙减少很多，半重力挡土墙的标准高度是 4m。

3. 悬臂式挡土墙

悬臂式挡土墙是凭借立壁、基座的钢筋混凝土构件支承土体侧压力的挡土墙。根据其立壁与基座间构筑形式，悬臂式挡土墙又可以分为倒 T 形、L 形和反 L 形几种。悬臂式挡土墙是一种比较常见而且较为经济的挡土墙（节省空间体量和材料用量）（图 9-132、图 9-133）。

4. 扶壁式挡土墙

扶壁式挡土墙即在悬臂式挡土墙的内侧或外侧加设扶壁。这种挡土墙虽然施工较为复杂，但其可以达到较高的高度，比较适用于高度要求较大且有用地限制的情况，此类挡土墙的标准高度为 5~6m（图 9-134、图 9-135）。

5. 特殊挡土墙

（1）箱式、框架式挡土墙，类似建筑的同名结构体系，这种结构体系可以形成我们需要的最高、最坚固的挡土墙，其弱点就是造价较高。

（2）木制挡土墙。墙体埋深一般要求不少于外露部分墙身高度，因此木制挡土墙的高度一般不大于 1.5m。

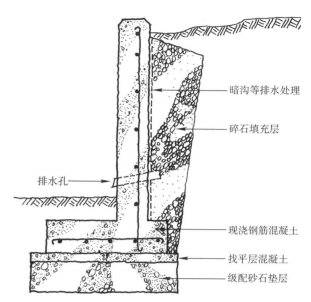

图 9-132 混凝土悬臂式挡土墙构造

图 9-133 混凝土悬臂式挡土墙

图 9-134 扶壁式挡土墙。施工中的内侧，可以清晰地看到扶壁

● 图 9-135 扶壁式挡土墙。完成后的外侧

（3）金属条筐式挡土墙。由 φ6 ~ φ12 的镀锌钢丝编成长方形的条筐，内装碎石或碎石土，然后将多个条筐垒砌到一起，形成挡土墙。因为条筐有一定的变形能力，而且植物很快会在条筐内生长起来，所以使挡土墙的外观变得柔和、自然、有生机（图 9-136 ~ 图 9-138）。

9.5.3 挡土墙的材质

挡土墙根据所采用的材质特性不同可分为下面几种形式：

（1）混凝土挡土墙。可进行各种饰面处理，具体做法可以参考外墙面装饰（图 9-139 ~ 图 9-141）。

（2）预制混凝土板挡土墙（图 9-142 ~ 图 9-145）。

（3）砖、砌块挡土墙（图 9-146 ~ 图 9-148）。

（4）木制挡土墙（图 9-149 ~ 图 9-154）。

（5）天然石材挡土墙。包括卵石、条石、碎石等形成的挡土墙（图 9-155 ~ 图 9-159）。

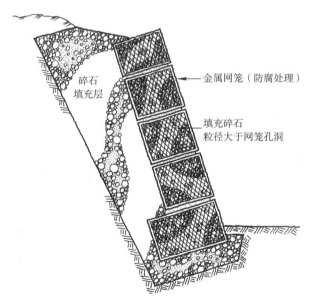

● 图 9-137 坡面式金属条筐挡土墙

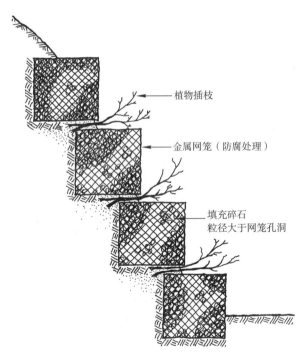

● 图 9-136 阶梯式金属条筐挡土墙

● 图 9-138 盛载着石块的金属条筐可以充当会呼吸的挡土墙

图 9-139　混凝土挡土墙——经过表面机理处理

图 9-142　预制混凝土板制成的挡土墙

图 9-140　混凝土挡土墙——经过表面处理

图 9-143　坡面挡土墙。作为路边的预制混凝土板

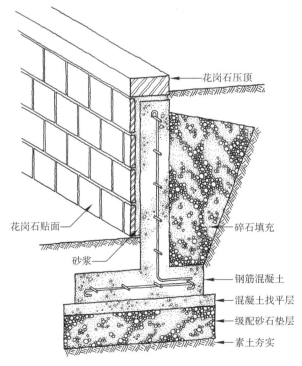

图 9-141　混凝土挡土墙及其饰面

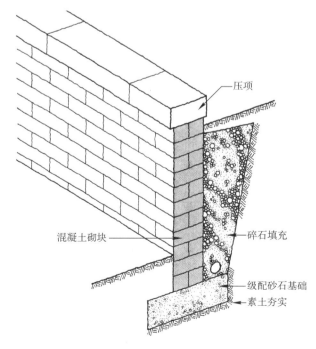

图 9-144　混凝土砌块挡土墙构造

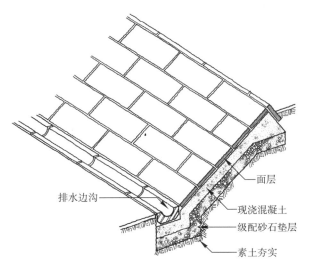

● 图 9-145 坡面挡土墙构造

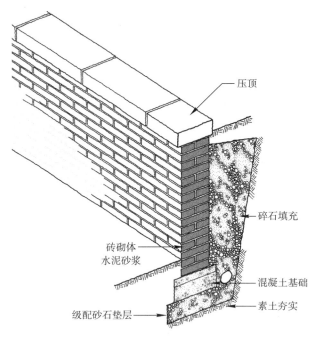

● 图 9-148 砖(砌块)挡土墙构造

● 图 9-146 砖砌挡土墙(1)

● 图 9-149 木篱状的挡土墙

● 图 9-147 砖砌挡土墙(2)

● 图 9-150 木制挡土墙

第 9 章 建筑外环境构造（建筑场地构造）

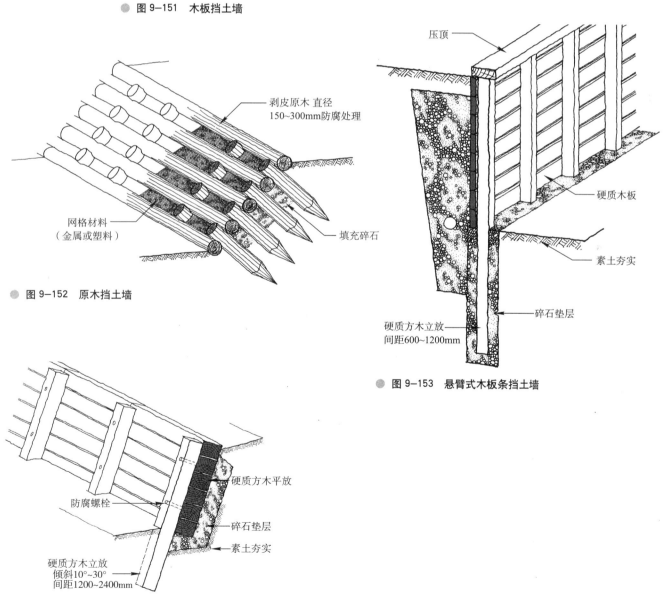

图 9-151 木板挡土墙

图 9-152 原木挡土墙

图 9-153 悬臂式木板条挡土墙

图 9-154 倾斜的方木挡土墙

● 图 9-155 直墙式天然石材挡土墙驳岸

● 图 9-156 石材砌筑的挡土墙

● 图 9-157 坡面式天然石材挡土墙驳岸

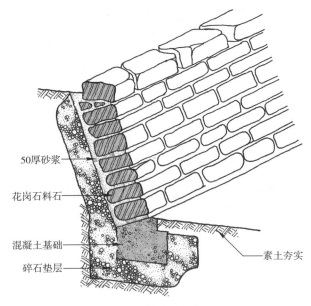

● 图 9-158 大料石砌坡面挡土墙构造

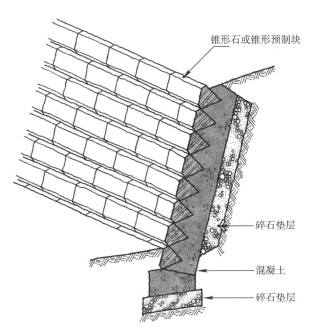

● 图 9-159 锥形石砌坡面挡土墙构造

9.6 围 墙

9.6.1 围墙的设计与要求

围墙是分界小品的一类主要形式，是我们日常生活中所常见的，没必要再对它的形态阐述太多。一般来说，比视平线高的墙体常常作为可见的视觉屏障，用于形成一种相对封闭的空间，多半具有防

图 9-160　中国传统园林中的中高墙是可以遮挡和引导视线的不可或缺的景观构成元素

卫的功能，并常与建筑相结合使用，比如中国古代皇宫的宫墙和传统民居的围墙都是用来形成封闭的院落空间的。比视平线低的墙体或局部透空的墙体可以形成半封闭的空间。当既需要保留所有的视觉特性，又要有一定的分割力度时，经常使用矮墙作为自然的界限（图 9-160 ~ 图 9-162）。

围墙的设计要点：

1．稳定性

作为独立的墙体，其自身的稳定性是至关重要的。墙体稳定性的问题主要体现在抵抗侧向作用力和不均匀沉降的能力的问题上。一般来说，增强墙体的稳定性主要从以下几个方面入手。

（1）增加墙体厚度，控制墙体的高度

在一定高度范围内，墙体越厚越稳定。同样的，如果厚度是固定的，则墙体越高越不稳定。所以在设计墙体时，控制墙体的高厚比是至关重要的。

（2）变换墙体的平面形式

一般来说，平面形式曲折的墙体其稳定性要优于直线形的墙体。如果空间允许的话，蛇形平面或折尺形平面的墙体，即使其厚度很小，也能保证足够的稳定性，并且在平面上增加扶壁也能很好地增加墙体的稳定性（图 9-163）。

（3）控制不均匀沉降

如果墙体各段沉降的幅度不一样，会造成墙体不同程度的破坏。所以，首先就应该尽可能地保证地基的承载能力一致。如果不能做到这些，也就是说地基无法均匀沉降，或者基础埋深不一，一般就需要让墙体自上而下地断开，形成一条断缝，又叫

图 9-161　中国传统的高大院墙是典型的防卫性高大围墙

图 9-162　矮墙是现代城市景观中常用的空间划分元素

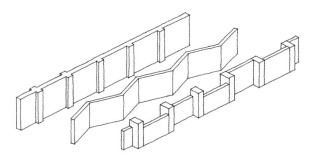

● 图 9-163　有效增加墙体稳定性的方法有增加扶壁、立柱、构造柱或改变平面形状等

沉降缝。具体做法可以参考建筑墙体的不均匀沉降问题。

（4）主要的侧向力

1）风荷载：自然力中，风荷载是墙体所受侧向力的主要来源。因此在风力较大的地区，一般不宜建造很高的围墙。如果一定要建，就必须经过验算，并采取必要的措施方可实施。

2）长时间加载的人为恒力：如果墙体的一侧堆放砂石货物等，很容易造成墙体的歪斜。

2. 墙身防潮层

地面下的潮湿气会因为毛细管作用而沿着墙体上升，长期作用会对墙体造成破坏，因此在距离地面60mm处设置防潮层一道。一般做法是：抹20mm厚 1：25 的水泥砂浆，内掺 5% 防水剂（图9-164）。其他做法可参见建筑墙体防潮层部分。

3. 伸缩缝

一般来说，墙体会因为温度、湿度的变化而膨胀或收缩，这种胀缩在一定长度内积累，到一定程度就会造成墙体的破坏，因此如果墙体达到一定长度就要将墙体人为断开做伸缩缝。对于不同地区、不同材料的墙体，伸缩缝的最小间距也不一样，一般在 30～50mm 左右。温差大的地区，伸缩缝的间距要小一些。具体做法可参考建筑墙体伸缩缝。

4. 墙体根部水的排除

根据水量大小的不同，可以采用散水或边沟排水。具体做法可参考前面建筑的相关部分。

5. 饰面

同样的墙体基层，可以利用不同的饰面做法，

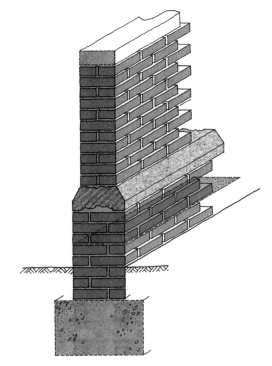

● 图 9-164　砌筑围墙的构造。请注意防潮层的设置

创造出丰富多变的墙面效果。具体做法参考外墙装饰部分。

9.6.2　围墙的分类与构造

1. 按主要材料分类

（1）混凝土墙

一般采用现浇钢筋混凝土，这种墙体整体性好，强度和稳定性高，结构占用空间小，形态变化自由，可以建造各种规格与形态的墙体，加之在其表面可以采用多种处理方式：如抹灰、打毛、剁斧、压痕、涂色等，还可以作为其他墙体的基础墙体（图9-165～图9-167）。

（2）预制混凝土砌块围墙

这种墙体是由事前预制好的混凝土砌块砌筑而成，整体性较差，一般需要做扶壁、现浇式构造柱或者通过改变墙体的平面形状，来增强墙体的稳定性。这种墙体的优点是施工速度快，由于砌块的形状自由多变，可以形成丰富多样的墙面效果（图9-168～图9-170）。

（3）砖砌围墙

图 9-165 混凝土围墙。其强度较高，可以在其上附加一些简单的功能设施

图 9-166 混凝土围墙。其典型优势就是造型自由、表面机理丰富，可以进行雕刻、模压等处理

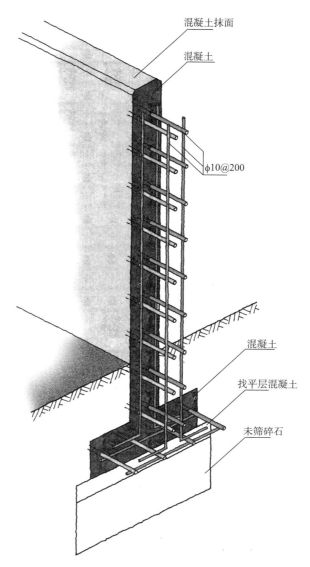

图 9-167 混凝土围墙构造

图 9-168 预制混凝土砌块围墙。由于混凝土预制块的造型丰富多样，由其产生的形式就更丰富了

这是一种历史较悠久的墙体形式，用统一规格的黏土砖砌筑。历史上无论亚洲还是欧洲，许多国家都采用过，并且至今还在广泛采用着。这种墙体的砌筑工艺简单，花样、方式丰富多变，应用及其广泛（图 9-171、图 9-172）。

（4）天然石墙

石墙的历史要比砖墙还要悠久，大概自有了人类文明起就有了。石墙的组砌方式与所采用的砌块形状关系密切，比如：规格统一的方石的砌筑方式就与砌块相似；而规格零乱的雕琢方石与自然形态的硕石砌筑的难度就大多了，所形成的效果也更接近自然。但由于某些地区，开采石块的难度较大，又破坏自然，加之运输不便，石墙的应用受到限制。随着石材加工技术的不断发展，石材饰面墙体的应

● 图 9-169 砌块矮围墙与植栽结合。如果植物生长在围墙的顶部，就可以作为一种压顶了，同时其曲线的平面，可以增加砌块墙体的稳定性以及视觉上的变化

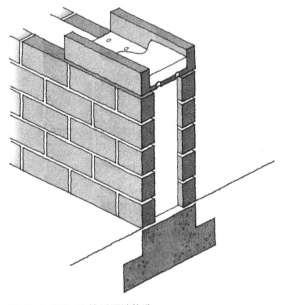

● 图 9-170 砌块矮围墙构造

● 图 9-171 现代的砖砌围墙

● 图 9-172 中国传统民居中的砖砌围墙

● 图 9-173 天然石围墙是中世纪欧洲防御性城堡的主要组成部分

用已越来越广泛了（图 9-173）。

（5）饰面墙体

这种墙体本来是没有资格独立形成一类分界墙体的，但因其在现实生活中使用广泛，姑且把它单独列出来说一说。饰面墙体就是以砖墙或混凝土墙作为基础墙体，在其表面再附加不同材质、不同厚度的饰面材料而形成的一种墙体，它以丰富人们的视觉及触觉感官为主要目的。饰面材料主要是各种瓷砖、石材或木材等，其具体做法与建筑外墙饰面相似（图 9-174、图 9-175）。

2．按主体结构构成方式分类

（1）板式围墙

常见的这种墙体大多不长，高度不高。原因是这种墙体抗侧推的能力较差，但是如果在一定长度范围内加设扶壁或构造柱，或者将墙体做成曲折的形状，情况就有所不同了（图 9-176～图 9-178）。

板式墙体主要由基础、墙身、压顶三部分组成。

图 9-174 饰面围墙。它的种类繁多、应用广泛

图 9-176 混凝土独立板式高墙体。独立式墙体除了可以划分提示空间，墙体本身有时就是一处环境雕塑（巴塞罗那）

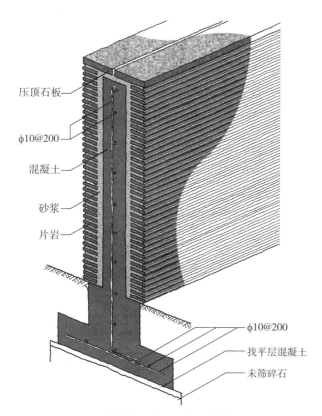

图 9-175 叠砌片岩饰面的混凝土围墙的构造

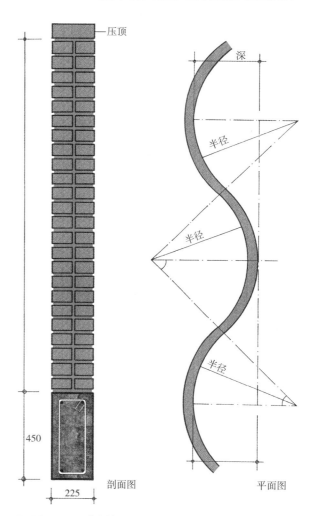

图 9-177 砖砌蛇形围墙。这种围墙形态自由，墙体自身重量轻、结构稳定

基础的做法与建筑墙体基础的做法相似，根据地基情况可以分别做成墙下条形基础或独立基础。具体做法参见建筑基础部分。

关于围墙基础的埋深，一般原则是：第一是要满足荷载与稳定要求（没有建筑的要求那么高）；第二是一定要做到基础埋深在当地冰冻线以下；第三是基础一定要落到持力层上；第四是要满足基础最小埋深的要求（500mm以上）。此外，还要有经济方面的考虑。

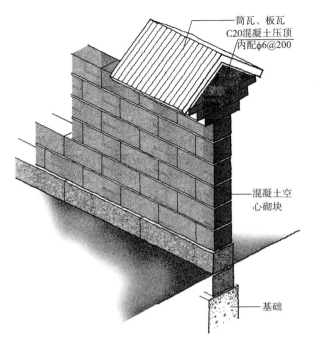

图 9-178 有中国传统风格的砌块板式围墙

墙体在满足强度和稳定性的条件下可以采用前述的各种材料建造。

压顶的功能：第一是防止水从墙体顶部渗漏到墙体内部，造成对墙体的破坏。第二是遮挡水流以保持墙体表面的清洁度。第三就是出于美观的考虑，避免人们直接看到一截光秃秃的墙体。

压顶的材料与做法多种多样。就所采用的材料而言，主要有混凝土、石材、砖、屋顶瓦（中国古建围墙中常用）等。所采用的形式因其花样繁多在这里就不再赘述了，设计者可以根据自己的意愿自由创作。但是，这里有一点要提醒大家注意，那就是顶部绝不能做成完全水平或凹形。即使是采用平顶至少也要有1%～3%的排水坡度，以防止积水在墙顶部的产生（图9-179、图9-180）。

（2）立柱镶嵌式围墙

这种墙体主要由结构立柱与柱间镶嵌物组成。这种墙体的结构原理是立柱为主要结构支撑部分，承受主要的各向作用力，而柱间镶嵌物作为封闭围合的结构，主要起阻隔的作用，并将其承受的各向作用力传递给立柱。结构立柱也是由基础、柱身、压顶三部分组成，其结构原理与建筑的柱子基本相同。柱身材料可以是钢筋混凝土，也可以是混凝土、

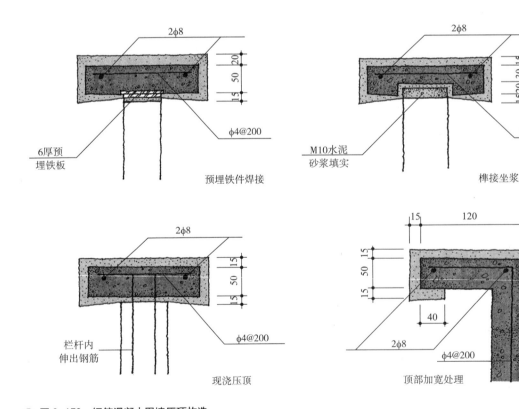

图 9-179 钢筋混凝土围墙压顶构造

第9章 建筑外环境构造（建筑场地构造）

图 9-180 压顶的形式很多，在满足基本功能要求的前提下，有很大的发挥空间

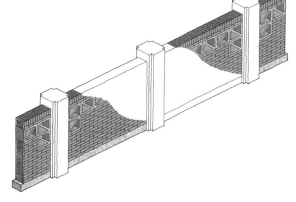

图 9-182 局部采用混凝土花格透空结构的立柱镶嵌式围墙

砖、石等砌块或各种形态的钢结构。

柱间镶嵌一般有砌体结构、板材结构和透空结构三种结构形式。

砌体结构镶嵌就是用砖、石、混凝土砌块等砌体充当嵌板，其厚度相对于板式围墙可以小一些（因为有结构立柱的存在）。板材结构镶嵌是用木板、石板等天然板材和金属板、预制混凝土板等人造板材充当嵌板。透空结构镶嵌是由铁艺、木栅、混凝土花格等充当嵌板，相对于前两种结构形式，透空结构在视线上就开阔得多（图 9-181 ~ 图 9-184）。

图 9-183 金属透空结构的立柱镶嵌式围墙

图 9-181 砌体作为嵌板的立柱镶嵌式围墙

图 9-184 混凝土透空结构的立柱镶嵌式围墙

9.7 围栏

9.7.1 围栏的设计与要求

围栏是分界小品的一类主要形式，它与围墙的主要区别在于它相对于墙体来说比较轻巧、通透，基本不能阻断人的视线，只能在一定程度上限制人的活动范围。其构造体系主要是由结构立柱和柱间填充联系物组成。栅栏、竹篱也属于围栏的范畴（图9-185）。

围栏设置的目的主要是防止人或动物随意进出，安全防护，明示分界，以及防止球类飞出等。

围栏高度的设置与一般预期功能要求相关联，限制人出入的围栏高1.8～2m或以上，隔离小动物的围栏高0.4m左右，限制车辆出入的围栏高0.5～0.7m，标明分界的围栏高度范围就比较宽，网球场等特殊用途场地围栏高度一般为3～4m左右。

铁、打孔钢板围栏等。

由于围栏的技术难度不高，可供选用材料丰富，造型丰富多变，所以种类极其繁多无法尽述。下面提供几个相对典型的例子供大家参考。在设计实践中，有极大的自由发挥和创造的空间（图9-186～图9-211）。

● 图9-186 金属低围栏

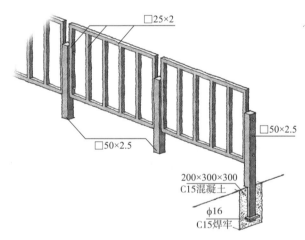

● 图9-185 金属低围栏的一般构造

● 图9-187 木桩、绳索低围栏

9.7.2 围栏的分类与构造

围栏按其高度不同可分为高栏、中高栏、低栏。划分的高度范围并没有明确的界限，也没有太实际的意义。具体高度一般都要根据实际的需要来确定。

围栏按其所用的材料不同可分为：木制围栏、竹制围栏、金属围栏等。就金属围栏而言，按其形态不同又分为网状、钢管、钢条、钢丝、扁网、铸

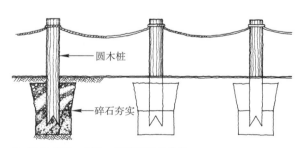

● 图9-188 木桩、绳索低围栏构造

第 9 章 建筑外环境构造（建筑场地构造）

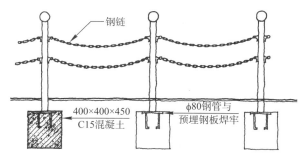

● 图 9-189　金属桩、锁链低围栏构造

● 图 9-192　竖板条木篱

● 图 9-190　木桩、绳索网围栏

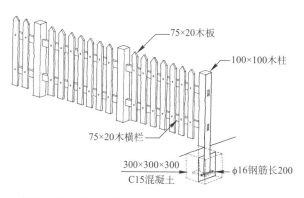

● 图 9-193　竖板条木篱构造

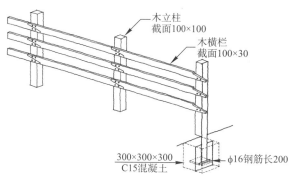

● 图 9-194　横板条木篱构造

● 图 9-191　水泥仿木制围栏。木制围栏如果防腐措施做得不好，时间长了会腐坏，并且不用木材也有保护自然生态的考虑

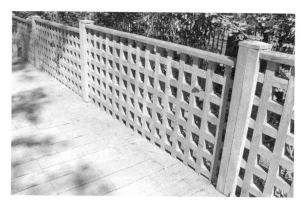

● 图 9-195　木制围栏

153

● 图 9-196 编织状的竹围墙

● 图 9-197 竹制矮篱

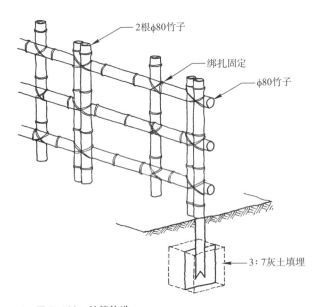

● 图 9-198 竹篱构造

● 图 9-199 金属高围栏（1）

● 图 9-200 金属高围栏（2）

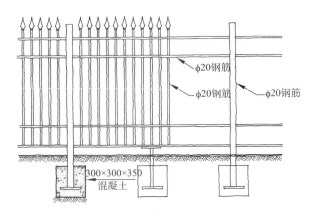

● 图 9-201 金属高围栏构造

第 9 章 建筑外环境构造（建筑场地构造）

图 9-202 网状金属围栏

图 9-203 金属中围栏（1）

图 9-205 网状金属中围栏（1）

图 9-204 金属中围栏（2）

图 9-206 网状金属中围栏（2）

● 图 9-207　铸铁金属中围栏

● 图 9-210　铁艺金属矮围栏

● 图 9-208　铁艺金属中围栏（1）

● 图 9-211　石围栏

9.8　入口大门

在围墙或围栏的适当部位要设置能够开启的、供人们通行的大门。

围墙大门按动力来源多分为手动大门和电动大门。

围墙大门按开启方式分为：平开门、折叠门、推拉门、伸缩门等。

围墙大门按材料分：木门、铁艺大门等。

大门的开启净宽度：仅供行人通行的门宽最

● 图 9-209　铁艺金属中围栏（2）

小 900mm；有少量小型机动车通行的门宽最少 2400mm；有大型车辆通行或车流量较大时，大门的开启净宽度必须达到 5200mm。

9.8.1 平开门、折叠门

平开门和折叠门都是由门柱、门扇、门轴组成。门柱一般由基础、柱身和压顶三部分组成。柱身可由砖、石等砌块砌筑或由混凝土制成，或用钢结构制成。形态设计可相对灵活，但须保证承载门扇后的整体稳定与安全。如果门扇较高大，门柱基础除了必须满足埋深的要求（冰冻线以下），因其受力较复杂，还必须经过专业的结构计算才能确定。一般做法参考建筑柱子基础部分。

门扇可以由木材或钢材等多种材料制成，造型多样，但必须注意保证其平面稳定性。适当可以加一些斜撑或斜拉构件。门扇不宜做得过大，以防开启不便（图 9-212～图 9-220）。

9.8.2 推拉门、伸缩门

这两种大门适用于开口较宽的大门，但是又不

● 图 9-214 街边休憩游园的铁艺平开低矮园门

● 图 9-212 木制平开园门，采用了斜拉构件，既有一定的装饰效果，又有效地防止了园门的扭曲变形（《日本最新景观设计》）

● 图 9-215 欧式园林入口的铁艺平开大门（布鲁塞尔）

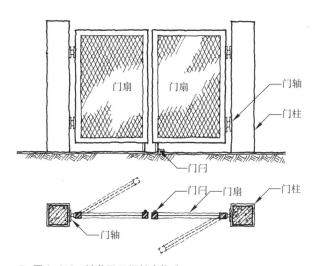

● 图 9-213 铁艺平开门基本构造

● 图 9-216 欧洲庭院入口的铁艺平开大门（巴黎）

● 图 9-217 简约的庭院入口的铁艺平开大门

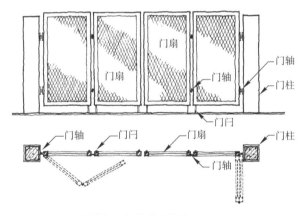

● 图 9-218 铁艺折叠门的基本构造

● 图 9-219 铁艺折叠门（1）

● 图 9-220 铁艺折叠门（2）（巴黎）

● 图 9-221 现代中国常见的电动伸缩门

必将门扇做得像平开门那样高大。这两种门的设计要点就是：滑轮组的选择和轨道的铺设以及机械传动部分的隐藏（图 9-221）。

9.8.3 门房建筑

对于独立、封闭的功能区域，如厂区、园区、办公区、学校等，在大门两侧一般应该设立一定的建筑物作为门房，供保安人员使用。或者当大门的体量较大时，大门两侧也需要一定体量的构筑物与大门相协调。

因为门房建筑的特定位置和功能，对其形态的要求一般较高，成为创造力发挥的重点（图 9-222～图 9-224）。

● 图 9-222 欧式园林入口的门房建筑，带有很重的装饰（布鲁塞尔）

第 9 章 建筑外环境构造（建筑场地构造）

图 9-223 富于力量与现代感的厂矿大门建筑

图 9-224 轻巧灵动的，位于风景区的办公区大门

第10章 创造性实践与训练

10.1 实践与训练

作为实践性很强的专业课程,必须有适合自己的特定的训练和考察方式。作为一门传统的建筑技术专业课,一直以来,更注重的是教学成果的考察,至于具体的实践训练方法就不多了。就算有,实际上也是为那一纸试卷做准备的,不过就是对一些名词、工艺规范条款的"强记"。其实就算当时记住了,等到两三年后真正要用到这些知识的时候,谁又能记得住多少呢?再说,谁会对这样乏味的强记感兴趣呢?如果没有兴趣,那些极富创造性的构造设计的激情又从何而来呢?

我一直以为"构造"的精髓是一种能力,一种能够恰当解决工程实际问题的能力。那么这种能力从何而来呢?绝不是对一些条条框框的记忆,绝不是,而是来自必要的专业训练,来自平时不断的积累,来自对与构造技术不断创造的激情……这也就是我为什么要上这门课,为什么要采取全新的理念和方法来上这门课,为什么要采取全新的实践和训练方法的初衷。

10.1.1 实践训练宗旨

(1)检验、巩固、加深理解基本的原理性构造知识。检验和考察教学成果以及学生的学习效果,并通过实际动手操作,加深和巩固对知识的理解,使教学成果更为有效。

(2)培养和训练动手操作解决实际问题的能力和意识。学习构造技术知识虽然我们是从课堂开始的,但实际上这是一件实践性很强的学习和应用过程,单一的理解构造知识是毫无用处的,亲自动手解决实际问题才是学习本门课的真谛。

(3)培养和训练在创作上的能力和意识。我们要培养的是优秀的设计师,因循传统的技术构造只能是设计创作的桎梏,相反的,如果我们能将构造技术应用得游刃有余,它还可能是我们创作灵感的源泉。

10.1.2 实践训练的方法

1. 工地实践

通过对施工中的工地的现场调研,可以切实地认识和印证课上所学的知识,加深理解。这种学习和训练的方法,直观、真切、有的放矢,不至于出现形而上的问题。可以实在地增强学生面对和解决实际问题的能力。

具体做法就是在每一阶段的理论教学结束后,要同学们到特定的施工工地(有组织的或自发的),有针对性地对相关知识范畴的施工现场进行实地考察。然后由同学们根据在现场了解、观察到的,结合自己的认识,写出一份调研报告,报告可以是总结式的,也可以是问题式的。报告的本身也许并不是十分的重要,只是个形式,甚至学到了什么样的具体知识都不是最重要的,关键是一种学习的方法和态度,以及观察学习身边事物的能力和意识(图10-1)。

2. 生活实践

这种实践的难度相对较小,就是在课后将课上所学的知识在身边的现实中找到实例,并加以收集、整理、分类、总结,以加深理解、巩固所学知识,更重要的是培养一种留心观察学习身边事物的能力和意识,这对于以后的自我培养、自我提高至关重要。

观察现实,无疑我们要多学习成功的、优秀的实例,但是,破败的、失败的实例我们也不能错过。很简单,看到了别人的失败,就应该避免自己犯同样的错误。分析其失败的原因,能找到解决的方案

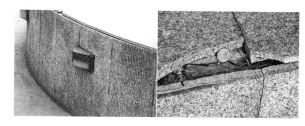

图10-3 身边的细节。破损的石材暴露出构造的细节与问题

图10-1 工地现场

图10-2 身边的细节。草坡的一种做法

最好，找不到也没关系，记下来，可以在以后的学习和实践中去寻找答案……（图10-2、图10-3）。

3．绘制构造施工图

这是一种行之有效的锻炼同学们应用所学技能的办法。在未来实际工作中，能够绘制完整、规范、系统、深入的施工图，是对一个设计师最基本的素质要求。

在实际的教学过程中，施工图绘制训练一般可以采用以下几种方法：成套系统的施工图的抄绘，典型节点施工图的抄绘，结合方案和典型节点的施工图的设计、绘制等，这些都是可以针对学生的特点进行选择的有效方法（图10-4、图10-5）。

4．构造模型的设计与制作

如果说前面提到的几种训练考察方式是一直以来就在采用的传统方式的话，那么设计、制作构造

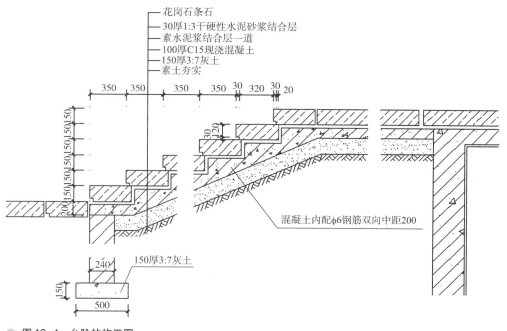

图10-4 台阶的施工图

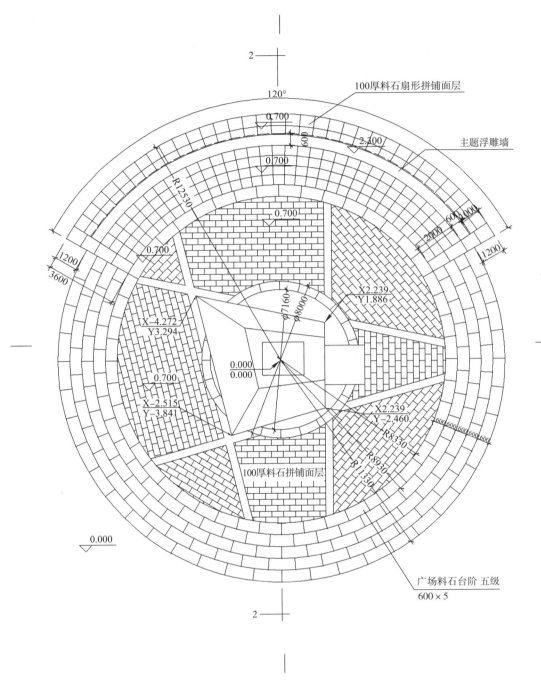

● 图 10-5 施工图平面

模型则是国内全新的一种构造课的训练考察方式。

模型是国际上比较常见的建筑专业的表达方式，包括教学和专业工作室（图 10-6 ~ 图 10-9）。

本构造课的模型作业一般是在基本理论知识授课将要结束时开始布置，一般需要 3 ~ 5 周的时间来完成，时间的长短可以与模型的难度相关联（图 10-10 ~ 图 10-13）。

10.2 选择构造模型

10.2.1 与传统实践训练方式的对比

1. 工地实践的局限

第一，工程项目施工周期一般都较长，在短期内了解施工的全过程难度较大。第二，在工地，同

图 10-6　皮亚诺在巴黎的模型工作室

图 10-8　德国建筑专业学生作品（1）

图 10-7　皮亚诺在巴黎的模型工作室中的作品

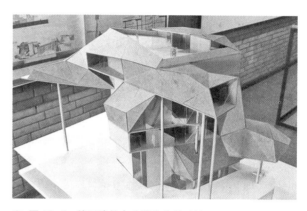

图 10-9　德国建筑专业学生作品（2）

图 10-10　同学们在模型工作室中工作（1）。后面架子上放的是以前的留校作品

学们只能观察不能动手操作。第三，可实践的工程项目有时空的限制（在合适的时间、地域内未必就有合适的可供实践的工地）。第四，工程项目的工艺先进性与系统性的限制（工地的施工内容一般都是特定的、受到各种因素制约，对开放学生的思维不利）等。因此工地实践训练只能是有选择性的进行，系统全面的工地实践难度实在太大。据此，在教学实践中我们经常可以采用一种变通的方法：将特定的工程照片和影音资料融合到授课过程中的相应专题内容当中，以加深理解。

2．生活实践的局限

首先是不可操作性，只能看到成果的表面，看

图 10-11 同学们在模型工作室中工作（2）

不到施工的过程和构造层次。其次是在较短的教学过程中，要想自己找到较全面的所学知识的实例，实非易事。

3. 绘制施工图的局限

主要是现阶段的同学们对一些基本的绘图方法、技巧、规范掌握得不够，并且很难将刚刚学到的构造知识原理进行应用，也就是说还不具备设计性施

图 10-12 合影（1）

图 10-13 合影（2）

工图的绘制能力，而只能以抄绘为主，无法尽情激发同学们的创造性与学习激情。

4．模型训练的优点

（1）模型可以反映构造及相应的教学成果。

（2）制作模型不受时空的限制。

（3）模型是联系理论和现实的最为直观的纽带。

（4）同学们制作模型的兴趣远远高于回答一份问卷（图10-14）。

（5）模型的制作过程更能体现和训练实际应用的"能力"。

（6）模型的制作过程本身就是一种能力的体现与训练。

10.2.2 构造模型的题材来源

一般来说，我们要做的模型，无论是原样的复制还是包含大量的设计成分，都要求提供原始的题材来源。这些题材从何而来呢，主要有下面的两种形态：

（1）由老师根据授课需要为同学们提供若干套

● 图10-15　收集整理资料

题材备选，让同学们根据各自的喜好在其中选择一套题材，再经过自己进一步的资料收集，来完成自己的作品。

（2）由同学们根据自己的兴趣，自主地选择题材。可选择的范围很广，包括专业书刊、杂志、工程实例照片等，当然更可以是同学们自己的创作作品。因为是同学们自己带有灵感性质的选择，他们会完成得更为出色，也更有利于其创造性的充分发挥。

并且，资料收集的过程本身就是可贵的学习和能力训练的过程（图10-15）。

10.2.3 模型的题材要求

关于选择什么样的题材才更适合制作构造模型，这是一个关键的问题，不论是对于同学们还是老师，都应该把握住下面几个最基本的原则：

（1）兴趣很重要。

（2）难度适当。

（3）专业重点突出。

（4）构造逻辑关系合理明确。

● 图10-14　在模型的制作过程中，同学们的感受是多元的

图 10-16 从成果中可以看出同学们对题材的偏好，每年都有所不同

（5）模型的可实现性。

模型题材的选择面很广，比如可以做古建筑模型、也可以是现代建筑模型，可以是中国的、也可以是西方的，可以是经典作品复原模型、也可以是普通作品的创造性复原模型、甚至是全新的设计创作模型……都可以，没有固定的要求。选择的基本原则是能满足构造课的基本的考察与训练要求，能够激起同学们的学习和动手操作的热情（图 10-16）。

在本书中我们可以看到中国古建筑类的模型可能很多，这主要有两方面原因：第一是中国古建筑主要是木构，各构件的穿插、连接较为复杂，有一定的难度和深度，而且逻辑性很强，有足够的思考空间，更能够达到能力训练的目的；第二就是中国古建筑木构架体系经过数千年的演变，有较为独立完整的系统体系，资料的收集较为方便，而且形成的模型形态优美，更能够激起同学们的制作兴趣与成就感。

10.2.4 模型作业的进程安排

构造模型作业主要包含这样几个部分：（1）资料收集与选题。（2）设计及图纸放样。（3）制作草模。（4）正模的制作。

1. 资料收集与选题

作业之初先要编组，一般是两三个同学一组。这样可以培养同学们的协作能力，集思广益，互相学习借鉴，互相鼓励，可以更好地完成教学任务、激发同学们的学习热情……并且，制作一个较复杂的模型，也不是一个人的能力所能及的。

然后选择要制作什么模型，并收集相应的资料，这些纯粹是从同学们的兴趣出发的。值得注意的是，在确定模型题材的同时，要对模型的制作材料与工艺有一定的可行性设想，这是非常必要的（图 10-17）。

2. 设计及图纸放样

根据收集到的资料绘制模型设计草图，按比例计算并绘制出各构配件的形状、尺寸，同时要设计出制作安装的程序与连接工艺等，这是一个非常重要的过程，但往往容易被同学们忽视，因为同学们经常会充满激情的急于进行模型的实际制作。小组成员的职责划分在这一阶段要基本明确下来。这大概要一周时间，磨刀不误砍柴工，准备得是否充分直接影响到后续的制作（图 10-18、图 10-19）。

3. 制作草模

草模是一种工作模型，在某种意义上可以认为是正式模型的试验品，我们要求它的尺寸、尺度与正式模型要保持一致，至于材料和连接工艺等的要求则比较自由。发现设计中的一些问题并将其解决是草模的主要作用。草模的制作一般应该在一周之内完成（图 10-20 ～ 图 10-24）。

图 10-17 图纸与草模

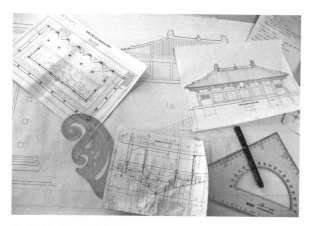

● 图 10-18　设计草图（1）

● 图 10-21　草模

● 图 10-19　设计草图（2）

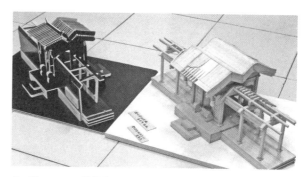

● 图 10-22　草模与正模（1）

● 图 10-20　图纸与草模

● 图 10-23　草模与正模（2）

4．正模

正式模型的制作过程一般可分为三个阶段：第一阶段是主要构件的试制和试安装。先用正式材料制作部分主要构配件，并进行实验性的安装，有问题可以及时调整。第二阶段是批量的构件的"生产"过程。这一阶段比较枯燥，精度要求又高，又看不到明显的成果，是需要毅力的阶段。第三阶段是"装配"，就是将加工好的构配件按事先设计好的程序进行组装、连接和固定，这必须由小组成员共同完成（图 10-25 ~ 图 10-30）。

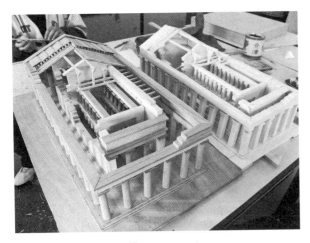

● 图10-24　草模与正模（3）

● 图10-27　半成品构件

● 图10-25　批量生产构件

● 图10-28　完成的构件（1）

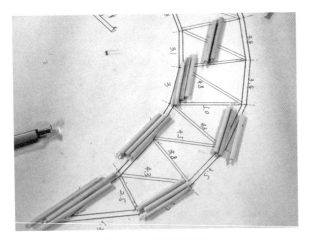

● 图10-26　构件的生产要以设计为依据

● 图10-29　完成的构件（2）

　　模型作业的关键是模型题材的选择和亲自动手制作的过程，选择什么建筑来做模型直接影响到作业训练目的的实现程度。而亲自动手制作，解决制作过程中遇到的技术问题（建筑的问题和模型的问题），是训练目的的核心所在。至此，模型本身倒好像并不是十分的关键。

图 10-30　完成的构件等待组装

图 10-31　主要工具。以手工工具为主

10.2.5　模型的材料、工具与制作

模型的制作材料没有固定的要求，只要能够找得到，并且可以加工就可以了，鼓励对陌生材料的探索。但在教学实践中，木材之所以成为首选，更多的可能是因为它更适合在教室内进行加工，加工过程中不太受时间和空间的限制，也不需要太复杂的加工工具，可以将人们的注意力更多地吸引到模型的设计与制作过程，而不是工具和加工工艺。

因为制作模型的重点是制作的过程，而不是模型的成果本身，我们鼓励、甚至是强制性地要求以手工制作为主，强调以简单的手工工具进行工作（图 10-31）。

10.2.6　作品的制作与评判原则

模型作品的制作与评判，应有一些基本的标准：

（1）正确性。要求模型的整体与局部的构造关系必须正确、恰当，不能违反起码的工程现实，这也是构造模型区别于其他模型的根本点。

（2）形体美。也就是要把握模型的整体的造型与比例关系，符合一定的审美规律。

（3）技术精美性。着眼于单一构件本身的制作，要求尺度精确、做工精细。就是说只有无数完美的"细胞"单体才有可能形成完美的统一有机体。

（4）协调性。着眼于构件之间的连接与组合，要求正确、准确、精确。

（5）创造性。这是我们以制作模型为教学训练方式的出发点与最终目的。体现在模型的题材选择、构造方案设计、制作的方法与手段等方面。

10.3　模型实践综合范例与点评

列举一些创作实践过程中的出现频率较高的课题。

10.3.1　斗栱

斗栱是中国古建筑的重要组成构件与象征，在其模型的制作中，主要是"斗"和"栱"这两种构件的制作和他们之间的穿插组装。这种模型的制作，关键要注意：

（1）整体尺度和比例的把握。

（2）因为斗栱的构件标准化程度很高，所以在制作模型的过程中，标准构件的制作尺度一定要十分的精确才行。

（3）真正优秀的斗栱模型应该是分件制作，可以重复组装与拆卸的（图 10-32～图 10-43）。

10.3.2　亭

亭子，可以说是构造体系最完整，形体最精巧、最集约的、最小的建筑了，是非常适合用来制作模型的选题之一。在亭子模型的制作中，以单檐、单

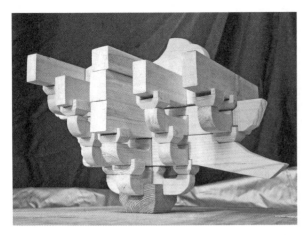

图 10-32 斗栱模型，分件制作，可拆装（1）（作者：刘方成）

图 10-33 斗栱模型，分件制作，可拆装（2）（作者：刘方成）

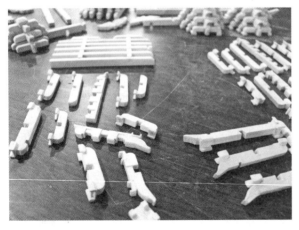

图 10-34 斗栱模型。这个模型的最大特点是构件的生产极其精致标准（1）（作者：申龙霞、马元杰）

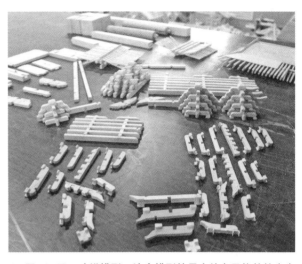

图 10-35 斗栱模型。这个模型的最大特点是构件的生产极其精致标准（2）（作者：申龙霞、马元杰）

图 10-36 斗栱模型（1）（作者：姜麟）

图 10-37 斗栱模型（2）（作者：姜麟）

第 10 章 创造性实践与训练

● 图 10-38 斗栱模型（3）（作者：姜麟）

● 图 10-41 斗栱模型（6）（作者：姜麟）

● 图 10-39 斗栱模型（4）（作者：姜麟）

● 图 10-42 斗栱模型（7）（作者：姜麟）

● 图 10-40 斗栱模型（5）（作者：姜麟）

● 图 10-43 斗栱模型（8）（作者：姜麟）

层的四角亭为基本原形，比较简单。但值得一提的是，简单的东西要想做得好、做到极致，那就尤其的难，才见真功夫（图10-44～图10-52）。

图10-44～图10-48的重檐六角亭在亭子模型的制作中是难度较大的一种，因为120°的交角实在不是一件容易把握的事情。这个模型几乎全部的构件及其穿插交接都是按照工程实际，构件的精度很高，并且整体的形态、比例、尺度的把握也恰到好处。

● 图10-46　重檐六角亭（3）（作者：郭嘉、张天竹）

● 图10-44　重檐六角亭（1）（作者：郭嘉、张天竹）

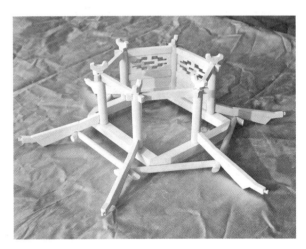

● 图10-47　重檐六角亭（4）（作者：郭嘉、张天竹）

● 图10-45　重檐六角亭（2）（作者：郭嘉、张天竹）

● 图10-48　重檐六角亭（5）（作者：郭嘉、张天竹）

10.3.3 垂花门、牌坊

在模型的层面上,垂花门、牌坊与亭子是很相似的,也是构造体系完整、形体精巧、集约的小建筑,非常适合用来制作模型。

图 10-49 重檐六角亭（作者：王帅、张欣瑞）

图 10-51 单檐六角亭（2）（作者：李帅）

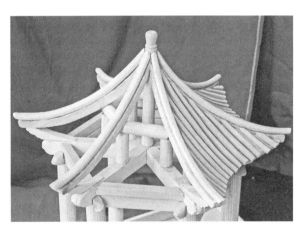

图 10-50 单檐六角亭（1）（作者：李帅）

图 10-52 联体方亭（作者：许晓明）

图 10-53 垂花牌坊（山西王家大院）

● 图10-54 垂花门式的牌坊（作者：于英菊）

● 图10-55 垂花门（1）（作者：曹帅、胡晓旭、王雨昕）

● 图10-57 垂花门（3）（作者：崔家华）

● 图10-56 垂花门（2）（作者：崔家华）

垂花门主要是清代的，应用在建筑和庭院的入口。牌坊作为中国主要的标志性构筑物，历史悠久，可以追溯到千余年前，并且这两种形式的资料都是很好找的（图10-53～图10-57）。

10.3.4 历史建筑单体

1. 佛光寺大殿

完整的单体建筑，相对于前面的作品就比较复杂了，逻辑难度也有所增加。无论是构件的种类还是数量，无论是构架的关系还是构件的穿插，其逻辑难度和工作量都相当大。

佛光寺在中国古建筑史中的地位举足轻重，可谓经典。并且其自身的形态与比例也堪称完美，构件的逻辑关系清晰明了，选择它来做模型就理所当然了（图10-58～图10-61）。

2. 广胜下寺大殿

位于山西洪赵县境内的广胜下寺，是元代佛教建筑的重要遗迹，也是中国现存众多优秀古代建筑遗迹之一。其建筑形态及细部构造与其他时代的古建筑有明显差异，可以在制作过程中慢慢体会。其

第 10 章 创造性实践与训练

● 图 10-58　佛光寺大殿模型局部（1）（作者：王冬雪、董玉珠、刘欣欣、胡佳媛、刘丽）

● 图 10-59　佛光寺大殿模型局部（2）（作者：王冬雪、董玉珠、刘欣欣、胡佳媛、刘丽）

● 图 10-60　佛光寺大殿模型（作者：杨晓东、韩野、李正山）

实同学们还制作了大量的其他古建筑的模型，也都很优秀（图 10-62、图 10-63）。

结语：

采用制作模型作为构造课的训练方式，是一种探索、一种创新。值得欣慰的是，同学们在制作模型的过程中表现出了高涨的激情，以及最终取得了"辉煌"的成果。制作模型中的同学们，是令人鼓舞的、令人感动的，我感谢他们给我的支持、给我的灵感、给我的激情……

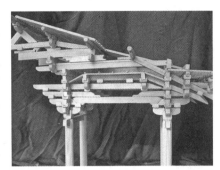

● 图10-61 佛光寺大殿局部模型（作者：韩磊、赵静、马涛）

● 图10-62 广胜下寺大殿模型，山面局部（作者：王淼、张莉、朱东升）

我想说的是，模型只是手段，不是目的。通过本课的学习，我所希望的，不是一定要掌握多少知识，而是：第一，构造知识是灵活的、实践的，不是教条的、理论的。第二，构造知识存在于你的身边，不一定在施工现场，更不在书本上。第三，构造离你不远，你可以动手、可以把握、可以自己去创造。

● 图10-63 广胜下寺大殿模型与局部（作者：王淼、张莉、朱东升）

第11章 教学成果

本章主要展示同学们的作品，包括工作草模和正式模型，正模的展示以完成的时间为依据，可以基本看出本课的发展与进步。

一、草模

◎ | 建筑构造 实验·实践·实现 | ◎

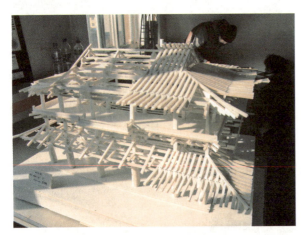
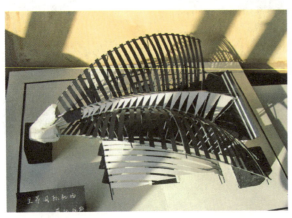

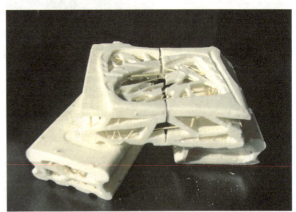

第 11 章 教学成果

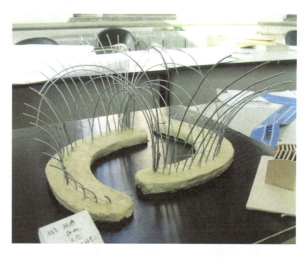

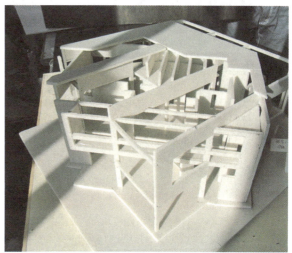

二、正模

2002 年

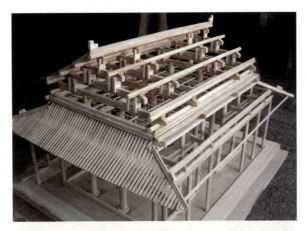

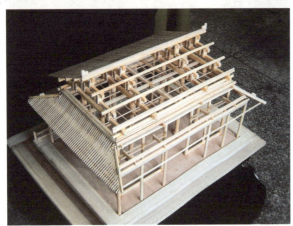
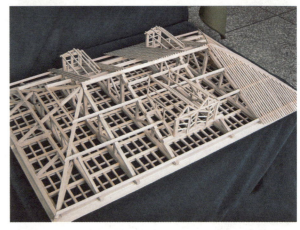

2003 年

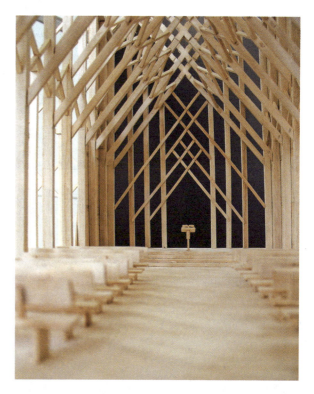

◎ | 建筑构造 实验·实践·实现 | ◎

2004 年

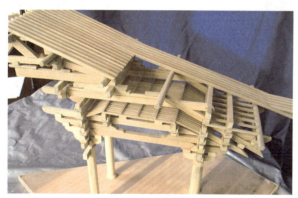

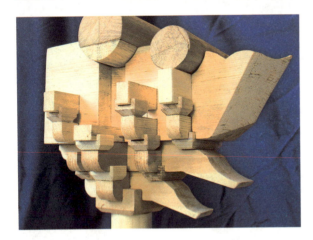
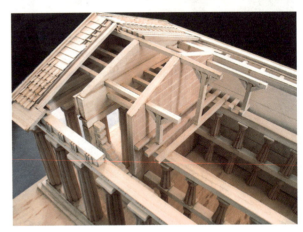

2005 年

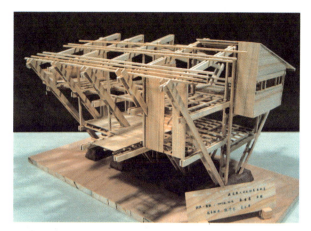

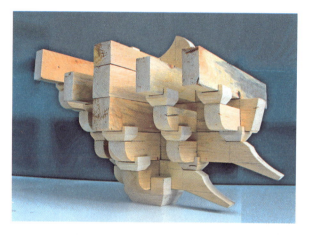

| 建筑构造　实验·实践·实现 |

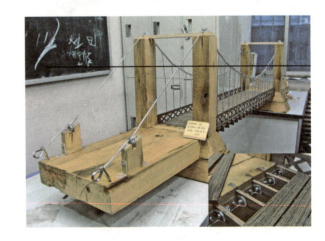

2006年

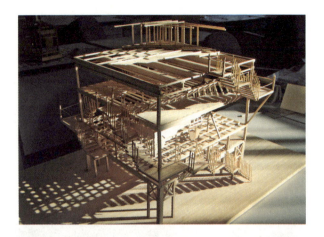

2007 年

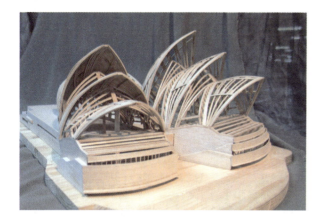

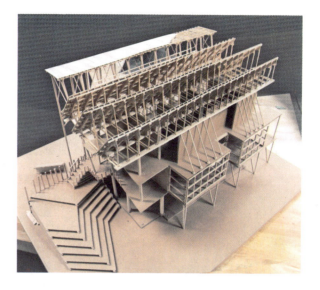

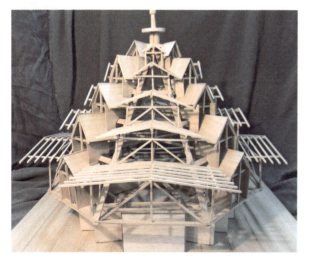

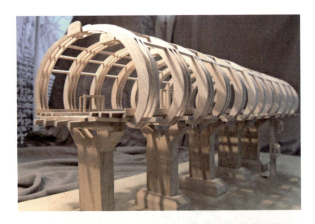

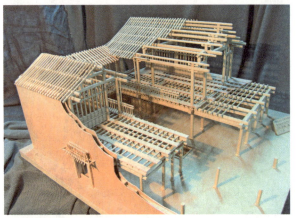

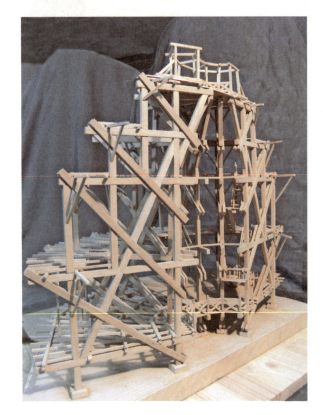

第 11 章 教学成果

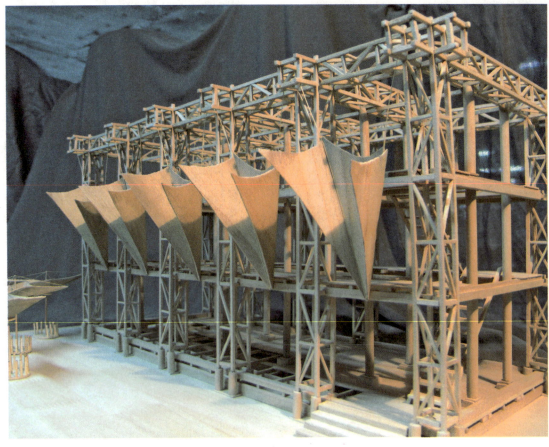

2008 年

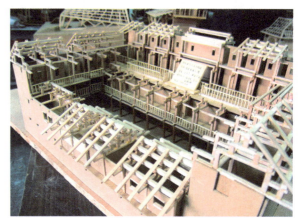
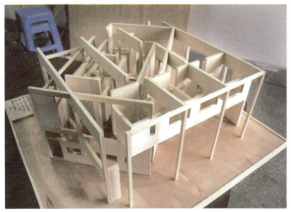

◎ | 建筑构造 实验·实践·实现 | ◎

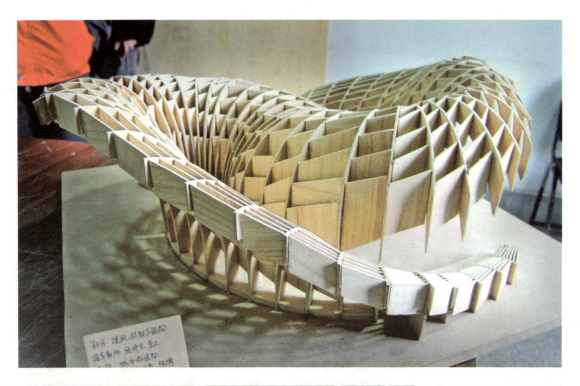

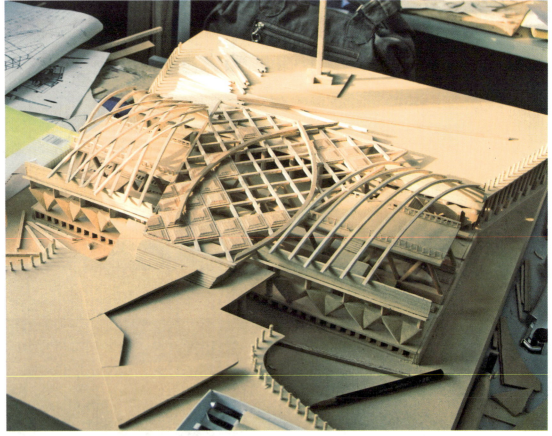

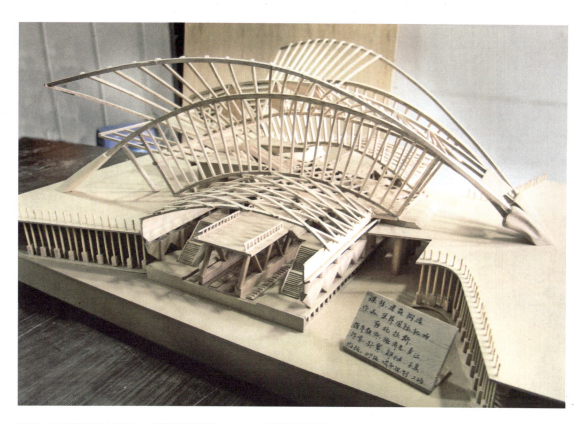

◎ | 建筑构造 实验·实践·实现 | ◎